U0385730

# 代谢视阈下的低碳城市管理

Daixie Shiyu Xia De Ditan Chengshi Guanli

陈绍晴　著

·广州·

**图书在版编目（CIP）数据**

代谢视阈下的低碳城市管理 / 陈绍晴著. —广州：中山大学出版社，2023.5
ISBN 978-7-306-07719-6

Ⅰ. ①代…　Ⅱ. ①陈…　Ⅲ. ①节能—生态城市—城市建设—研究—中国　Ⅳ. ①X321.2

中国国家版本馆CIP数据核字（2023）第023254号

**出 版 人：王天琪**
策划编辑：李先萍
责任编辑：李先萍
封面设计：曾　斌　陈梦晓
责任校对：袁双艳
责任技编：靳晓虹
出版发行：中山大学出版社
电　　话：编辑部　020-84110283，84111996，84111997，84113349
　　　　　发行部　020-84111998，84111981，84111160
地　　址：广州市新港西路135号
邮　　编：510275　　　　　　传　真：020-84036565
网　　址：http：//www.zsup.com.cn　　E-mail：zdcbs@mail.sysu.edu.cn
印 刷 者：广东虎彩云印刷有限公司
规　　格：787mm × 1092mm　1/16　　10.875 印张　　159 千字
版次印次：2023年5月第1版　　2023年5月第1次印刷
定　　价：45.00元

**本书的出版得到以下基金项目资助：**

国家自然科学基金（项目号：72074232）

广东省杰出青年自然科学基金（项目号：2018B030306032）

广州市基础与应用基础研究项目（项目号：202102021234）

# 序

最近，联合国政府间气候变化专门委员会发布的第六次评估报告指出，与工业化前的气温记录相比，目前全球平均升温约为1.1 ℃，越来越逼近《巴黎协定》所提出的1.5 ℃的“警戒线”（即更为严格的控温目标）。在为此书作序之际，气候变化带来的生态损伤仍存在于陆地、淡水、沿海和远洋生态系统中，而且这些生态损伤正变得越来越不可逆。在全球各地，高温热浪事件似乎已成了新常态，国内外许多城市的最高气温刷新了历史记录；由于气温升高和极端气候频繁出现，全球1/4的自然土地易出现火灾的季节延长，严重威胁了森林与农业安全；同时，气候持续变暖、雨水酸化和海平面上升都将增加部分物种灭绝的风险，由此影响全球生物多样性，增加粮食减产风险；等等。面对种种现实危机，我们不得不警醒，不得不思考。一旦触发全球气候变化的链式反应，将没有国界和地界之分，大部分国家和城市的发展与生存将受到影响，那将是我们“无法承受之重”。

习近平总书记在党的二十大报告中提出，推动绿色发展，促进人与自然和谐共生，积极稳妥推进碳达峰、碳中和，立足我国能源资源禀赋，坚持先立后破，有计划分步骤实施碳达峰行动。我国一直是应对气候变化行动的积极参与者和贡献者，也是发展中国家中最早探索经济发展绿色转型的大国。历经40余年的改革开放，我国经济社会取得了全面的进步，国际地位不断提升，尤其是党的十八大以来我国生态环境治理取得了巨大成效。然而，相比单一污染物控制，碳达峰、碳中和是一项系统工程，需要生产技术、能源供应和消费方式、生活消费模式及环境治理方法的全面转型。如何在持续城市化的浪潮中，推动经济发展方式的绿色转型，是一个重要的时代命题。

当下，在应对气候变化的过程中，城市尺度的研究备受关注。我认为主要有以下三点原因：其一，相比农村，城市对碳排放量的“贡献”更大。城市的最终能源消费和产生的碳排放量占全球总量的70%左右。关于这一点，本书也有具体讨论。因此，我们认为控制城市碳排放的成效对减缓气候变化有着举足轻重的作用。其二，城市的人口更为密集，人口密度高，尤其是当下人口有向大城市群靠拢的迹象，加之热岛效应等的作用，现代城市居民受到升温的影响愈加显著。2022年末，我国常住人口城镇化率达到了65%，已步入“城市社会时代”。我们有改善城市地区环境质量与气候条件的迫切愿望。其三，城市和城市群集聚了大量的创新企业、研发平台和人才，同时也是尖端科技的孵化地，所以，其在发挥科技力量减缓气候变化上起着重要的引领和示范作用。

当下，城市主要通过两种策略来应对全球气候变化——适应和减缓。“适应”策略主要统筹考虑极端气候事件风险和气候变化对城市的持续性影响，做好前瞻性布局和行动部署。例如推进韧性城市的建设，建立科学的城市防洪排涝体系，以及提升城市应急保障服务能力等。而“减缓”策略则是要求相关部门对城市的能源消费、工业生产、交通运输和居民能耗等各类经济社会活动合理调整，在确保经济发展和民生福祉的前提下使温室气体排放量降到最低。此外，增加城市自然碳汇和人工碳汇，也是减缓气候变化脚步、稳定大气温室气体浓度的重要方法。其中，减缓策略是应对全球气候变化的根本性策略，是目前应对气候变化行动的“主战场”。我国提出了碳达峰、碳中和目标，其目的就是减少人为碳源，努力减缓全球变暖的步伐。根据我的理解，本书即是对城市气候变化“减缓”行动的一次系统的分析和模拟。作者选取了国内外在低碳管理方面的典型城市作为研究对象，有机整合了多个核算方法和评估模型，分析了城市分行业的碳排放变化趋势、碳减排进程和所设定的降碳目标，量化了本地、国内及国外区域之间可能存在的碳泄露及驱动因素，指出建立城市间合作减排机制和责任分担机制的重要性。

在此之前，我对本书作者在低碳城市领域的研究工作已有一定了解。但在阅读完本书之后，我仍惊喜地发现有几个很有创新价值和实践意义的结论，值得在此与读者分享一二。

首先，作者从系统论出发，基于“代谢”的独特视角，建立起了城市碳账户的核算框架，全面阐述了核算碳排放的重要性。“代谢”一词虽然来源于生物学领域，但将其运用于解析城市资源流入、产品生产和废物流出等过程亦有很大的实际意义。这点在作者针对碳代谢所建立的研究体系中得到了淋漓尽致的体现。本书从生产端、消费端和控制端分析城市碳流动，实现了从不同视角核算城市碳排放量并分析了经济社会驱动因素。同时，本书更为全面和系统地捕捉了城市内部的直接碳排放活动及与进口相关的间接碳排放，还区分了城市消费和投资实际控制的碳排放量，这是以往研究尚未实现的，对建立科学有效的城市碳排放管理体系有很强的决策支撑作用。比如，对于如何准确模拟农业、制造业和服务业之间的减排关系，实现城市全产业链的减排目标，同时又不增加其他区域碳泄漏和环境损害的风险，本书的研究可能给出了很有价值的答案，值得后续进一步探讨、验证和应用。

其次，作者对国际和国内上百个不同规模的城市案例进行深入分析，得出了一个我认为很有趣也很有战略意义的观察结论，即放眼全球和聚焦国内对于推进城市碳减排进程可能同等重要。本书第一章分析了全球城市气候变化的研究水平，图示了城市间科研合作程度及各城市中长期减排目标，就如何建立兼具一致性和包容性的全球城市碳减排机制展开了讨论分析，给出了全球碳减排的一个重要背景。随后，作者从多视角对北京及粤港澳大湾区等城市（地区）的碳足迹进行了核算，定量分析了碳足迹的驱动因素和部门之间的关系；与此同时，也与国际三大湾区的核心城市（东京、纽约及旧金山）及其他部分发达国家主要城市的低碳管理水平进行了横向对比，并结合我国的经济发展阶段和重点排放行业给出了相应的碳减排策略。放眼全球，是为了确定城市低碳发展的“基准线”，吸取经验教训，少走弯路；聚焦国内，则可以立足国情，探索积极稳妥推进我国城市和城市群碳达峰、碳中和的可行之路。

最后，作者重点论述了粤港澳大湾区的碳减排潜力及其在全国碳减排方面所起的“领头羊”作用。粤港澳大湾区是推动实现“双碳”目标的先锋，在绿色低碳发展方面引领全国，因此，粤港澳大湾区要先行先试，构建前瞻性的科技平台、储备低碳相关专业人才，率先探索可复制、可推广的路径，助力全国实现“双碳”目标。作者建立的碳排放路径模型和减排责任划分准则，恰好架起了核算与管理之间的桥梁，可帮助相关部门更好地界定城市间的减排责任差异，让减排难题得到高效且公平的解决。为此，作者提出了一系列城市和城市群的碳减排政策建议，如通过科技创新和实践推进，重点加强区域全产业链碳排放管理、确保城市能源安全、有效管理跨区碳泄漏和林业碳汇，以及搭建排放监测与交易管理平台。作者从“碳代谢”视阈出发所形成的这些政策建议既贯穿城市生产和生活各方面，同时也具备从“小切口”突破的针对性、可操作性。

本书的作者陈绍晴一直以来都专注于城市代谢与低碳可持续发展领域的研究。入职中山大学之后，他继续深钻这一领域，立足粤港澳大湾区，力求在城市代谢模型管理应用的这一切口上寻求突破。他的这一份坚定和踏实，在初识之时就让我印象深刻。与他在康乐园共事的几年，我发现他是难得的既有新颖学术观点，同时也拥有扎实调研分析能力的“全方位”学者。如今，他带领着一支围绕着“双碳”目标研究、支撑国家战略需求的年轻研究团队，在城市生态环境管理领域已有一定的影响力，得到了同事和学生的认

可，很高兴他能取得这样骄人的成绩！期待他的团队心怀城市可持续发展和碳中和的愿景，勇担使命、砥砺前行，服务于国家重大战略需求，取得更多兼具科学价值和实践意义的重要学术成果！

行笔至此，衷心祝贺陈绍晴老师课题组多年积累的研究成果以著作的形式问世。当然，低碳城市管理的研究内容丰富而广泛，并非一本专著所能囊括。但我相信无论是高校研究者、学生，还是“双碳”产业相关从业者，都可以透过本书视角，领略低碳城市管理的“独特风景”。

是为序。

仇荣亮

2023年3月

# 前　言

时至2022年，全球气候变化的威胁依旧没有缓解的迹象，各国极端气候和次生灾难频发，全球面临着包括极地冰盖融化、关键洋流削弱及亚马逊雨林萎缩等气候临界点的威胁，导致能源和水资源危机加剧。

环境经济学的主流观点认为，归根结底，资源环境困境在很大程度上就是经济发展的问题。更具体地说，是经济发展模式和路径选择的问题。这意味着，我们还是需要从根源上寻求经济社会发展的更优替代模型。

联合国政府间气候变化专门委员会发布的《全球升温1.5 ℃特别报告》指出，要实现本世纪1.5 ℃的控温目标，全球年碳排放总量须在2030年前削减一半，并于2050前后实现全球经济体的碳中和。2020年9月22日，习近平总书记在第七十五届联合国大会上郑重承诺，中国二氧化碳排放力争于2030年前达到峰值，努力争取 2060年前实现碳中和目标（俗称“双碳”目标）。这不仅体现了我国应对气候变化的大国担当，也是我国民族复兴大业的自身需求。“双碳”目标意味着全球经济社会需要进行史无前例的大规模低碳转型，可以说是发展模式的“U”形拐弯。

值得注意的是，目前我国仍处于经济稳步向前发展的阶段，人们提高生活水平的愿望依然强烈，急须谋求经济发展和温室气体排放的稳定“脱钩”，即不以错过气候变化应对重要时机为条件来实现高质量发展和民族复兴大业。以能源系统转型为例，根据《中共中央 国务院关于完整准确全面贯彻新发展理念做好碳达峰碳中和工作的意见》，到2025年，非化石能源消费比重预计达到20%左右。而到2060年，非化石能源消费比重计划将达到80%以上。换言之，届时非化石能源将取代化石能源主导供能和发电，这意味着能源系统的上下游产业都将经历巨变。

未来十年是实现“双碳”目标的重要窗口期，绝对碳减排的拐点近在咫尺。为实现碳中和的长期目标，在战略上还应抓住主要矛盾，久久为功。城市是碳减排的主战场，得益于其灵活性和前瞻性，城市在全球气候多层治理体系中的地位日益凸显。当下，城市各行业和城市居民在落实《巴黎协定》和实现国家自主减排承诺上应扮演更为重要的角色，而其碳减排路径也应该在理论和实践层面上得到更充分的研究。经济—生态“双赢”的城市低碳发展路径及能源和产业变革既需要空前的技术水平和知识力量“力挺”，也需要系统的方法学“把脉”。城市代谢从碳流动过程、模式及机制来系统剖析城市的气候影响，并提供了相应的治理对策。

自从“双碳”目标正式提出后，讨论未来我国低碳发展思路与实施路径的相关书籍如雨后春笋般涌现。其中，不乏从经济学角度核算碳中和背后的成本与收益，从工程的视野分析节能技术改造与碳捕获、利用和封存难度的图书，也有作者从居民端的消费入手探讨碳足迹削减方式等。与之相比，本书是基于“代谢”的视阈，以提高能源和资源利用效率和减排成效为出发点，从生产、消费和管控的角度出发，系统分析城市和城市群的碳排放数据现状、多视角碳足迹管理差异、区域间碳排放泄漏、经济社会驱动因素、中长期碳减排目标，并探讨城市间的减排责任分担机制。

当然，碳达峰、碳中和是一项系统工程，是一场经济社会的深刻变革，涉及各个领域和各个行业的减排路径及国家、政府、企业、个人的行为转变。本书不谋求涵盖“双碳”工作的方方面面，而是寻求减缓气候变化行动和实现“双碳”目标在城市区域的高效协同管理策略，在“双碳”研究热潮之下贡献一些针对性思考，以期为低碳可持续性的城市资源管理提供科学支撑，尤其为政府、园区和企业提供“测碳”“估碳”“管碳”的相关方法论工具。

本书各章节内容的主要贡献者为中山大学城市资源低碳可持续管理研究团队成员。具体如下：第1章（陈绍晴）；第2章（陈绍晴、魏婷、吴俊良）；第3章（陈绍晴、朱斐瑶）；第4章（陈绍晴、吴俊良）；第5章（陈绍晴、王雅斐、吴俊良）；第6章（陈绍晴、张智慧）；此外，池韵雯、范典、江科杨、龙瑞漪、蔡茂雪、张舒雅、朱彧、傅冰约等参与了部分资料的整理工作。全书由陈绍晴整理、统稿及审阅。需要指出的是，本书在模型假设、数据分析上难免存在一定的局限性。对此，我们敬请读者批评指正。

最后，感谢中山大学环境科学与工程学院、北京师范大学环境学院等单位的老师和同事对本书写作的支持！感谢中山大学出版社的优秀编辑为本书的顺利出版保驾护航！感谢我的家人给予“007科研人”充分的支持和谅解！

陈绍晴

2023年3月

# 目 录

## 第3章 城市消费与控制碳足迹演化及驱动因素

## 第4章 城市群分行业碳足迹分布及来源



## 第5章 城市群碳减排责任分担机制

# 第 1 章

# 绪　　论

**本章概要**

本章旨在梳理全球气候变化治理的进程、关键事件和重要问题，阐明城市和城市群的低碳建设在缓解气候变化和促进可持续发展中的重要性，从生产端和消费端的视角简要综述了城市碳足迹核算及经济社会驱动因素分析研究，并探讨当下城市碳减排责任分担机制研究的重点和难点，为后续章节论述奠定基础。

## 1.1 全球气候变化应对与碳减排

气候变化作为一个全球性问题，几乎全方位地影响着各国和各地区经济社会发展方向，是21世纪全球治理的关键一环（Barrett，2016；Keohane & Victor，2016）。以1992年《联合国气候变化框架公约》（UNFCCC）的通过为标志，国际社会正式启动应对气候变化领域的合作。气候变化与碳排放有密切关系，所以在之后的二十余年中，国际社会投入大量资源来商讨具有法律约束力的规则，以遏制全球碳排放增长趋势，应对气侯变化，如1997年的《京都议定书》及每年举行的联合国气候变化大会。2015年，近200个缔约方在第二十一届联合国气候变化大会上达成《巴黎协定》。该协定明确了全球共同追求的“硬指标”，即在本世纪末将全球平均气温上升控制在前工业化水平之上2 ℃以内，并努力实现1.5 ℃的理想控温目标。该协定签署后，许多国家和城市提出温室气体减排的目标。2019年，由智利主办的第二十五届缔约方大会通过了《智利·马德里行动时刻》（*Chile Madrid Time for Action*）的决议，在气候变化及全球长期目标的阶段性评估方面取得了一定进展（肖兰兰，2020）。2021年，第二十六届联合国气候变化大会在英国格拉斯哥举行，各缔约方最终制定了《巴黎协定》实施细则。联合国政府间气候变化专门委员会（IPCC）发布的《全球升温1.5 ℃特别报告》指出，要实现《巴黎协定》的控温目标，须在2030年前将全球年碳排放总量削减一半（即年均250亿～300亿吨二氧化碳当量），并于本世纪中叶左右实现全球人类社会总体净零排放的目标（IPCC，2018）。

在应对气候变化和碳减排问题上，全球各个国家之间不是孤立的，而是紧密相连的（Cox et al.，2000）。如今全球气候治理已进入碳中和时代，越来越多的国家设定了碳中和的目标，以有效降低极端气候和其他次生灾难性的威胁（Tan et al.，2022）。欧盟、英国和日本等发达国家和地区相继承诺到2050年实现碳中和。在2020年的第七十五届联合国大会中，习近平总书记提出，中国力争于2030年前达到二氧化碳排放峰值，争取2060年前实现碳中和（即“双碳”目标），并承诺将为之制订有效措施和方案。如国务院在2021年10月发布了《中国应对气候变化的政策与行动（2021）》，在贯彻新发展理念，大力推进碳达峰、碳中和及加大温室气体排放控制力度等方面给出了相关举措。中国“双碳”目标的实现将为全球气候危机缓解做出重大贡献。印度政府则在2021年联合国气候变化大会上承诺将于2070年实现碳中和。

有研究表明，新冠疫情期间，全球二氧化碳排放量仅同比下降约7%，而且在疫情缓解后出现明显的反弹迹象（Le Quéré et al.，2020，2021；Liu et al.，2020）。当下，将疫情后的经济“绿色复苏”列为优先事项已成为国际共识。此外，由于2017年美国宣布退出《巴黎协定》，并拒绝履行向发展中国家提供气候资金支持的义务，使诸多气候政策面临存续风险（孔锋，2019）。对此，联合国环境规划署的《2021年排放差距报告》显示，如果不采取更为严格和广泛的联合行动来缓解气候危机，到21世纪末，全球将面临超过2.7 ℃的平均温度上升，届时将可能对经济社会发展造成严重的冲击（UNEP，2021）。

为实现持续且稳定的减排，应对愈加严峻的气候挑战，如何建立高效和公平的治理模式和减排责任分担机制是一个重要议题（Sethi & Oliveira，2015）。基于《联合国气候变化框架公约》所提出的“共同但有区别的责任”原则，已有大量学者探讨了全球发展中国家和发达国家间的“南北”减排责任分担问题（Golgeci et al.，2021；Zhang et al.，2019）。2021年，全球已有超过56%的人口生活在城市，预计到2050年，世界城市人口比例将增长到68%（United Nations，2018）。这期间，发达国家将继续保持较高的城市化水平，而亚洲、南美和非洲的发展中国家将经历高速的城市扩张。这种不同国家间的城市发展水平差异将对气候变化及减排责任划分产生巨大影响。因此，学者们强调针对城市及区域发展阶段来制订碳减排路径（Seto et al.，2012；De Coninck et al.，2018；Moran et al.，2018；Gurney et al.，2022）。已有学者在国家和城市层面调研了不同地区的温室气体减排目标。比如，有研究指出，从近期来看，若要实现1.5 ℃的温控目标，全球城市地区需要在2020—2030年减少共计约98亿吨的温室气体排放（Gurney et al.，2022）。然而，现有的区域性应对气候变化的行动距离完成《巴黎协定》所规定的温控目标仍有差距（Greenblatt & Wei，2016；Meinshausen et al.，2022）。以欧洲为例，虽然这一区域的城市正在逐渐实现其减排目标，但部分城市仍需要坚定现有的减排决心才能够达到《巴黎协定》目标（Hsu et al.，2020；Salvia et al.，2021）。各国城市的减排目标亟须进一步明确，尤其应鼓励城市制定易追溯、可比较和分行业的绝对减排目标（Wei et al.，2021）。

## 1.2 城市和城市群碳代谢

当前，全球城市与城市群的低碳发展模式与政策制定受到学者的广泛关注。城市与城市群资源低碳利用不仅对减缓全球气候变暖有重要意义，还与人居环境的可持续性密切相关（United Nations，2017）。虽然有许多城市较早就参与到气候变化减缓行动中，如德国科隆（Holtz et al.，2018）、奥地利维也纳（Essl & Mauerhofer，2018）、丹麦哥本哈根（Damsø et al.，2017）、泰国曼谷（Ali et al.，2017）、中国深圳（Zhan & De Jong，2018）和中国上海（Den Hartog et al.，2018），但实际碳减排效果与全球1.5 ℃的控温目标还有一定距离（Xia et al.，2015；Chen et al.，2016）。

随着城市化进程加快，城市居民日益增长的需求不能被本地生产完全满足，城市消费越来越依赖于国内其他区域及国外进口。城市生产与消费之间的差距被外部投入所填补，使得碳排放通过生产外包的方式向国内外其他地区“泄漏”。从全产业链碳代谢的角度看，虽然单个城市可能达到了边界内的直接减排目标，但造成了其他区域的碳排放总量增加，而碳排放对全球气候变化的影响并不受城市或者国家边界的限制。在贸易区域化和全球化的背景下，跨区域之间普遍存在生产与消费活动的联结。因此，针对区域间的碳泄漏问题，全球城市之间应在碳中和领域建立合作，共同分析各自的碳代谢水平，这是目前气候治理中十分紧迫的任务（Chen et al.，2013；Schulz，2010；Francesco et al.，2020）。Wiedmann等（2021）以C40城市气候领导联盟的79个成员为研究对象，指出为补充和完善城市温室气体清单，在当前以基础设施减排为重点的气候变化行动的基础上还应制订低碳居民消费的战略。

城市群的碳代谢研究也是全球气候变化研究的热点之一，其对揭示减排战略和促进可持续发展有重要意义（Chen & Chen，2017；Han et al.，2018；Song et al.，2018）。不同城市群在发展阶段、产业结构与代谢特征等方面存在差异，因此资源利用、碳减排过程的侧重点也需要有所区分（Sovacool & Brown，2010；陈绍晴等，2021）。Chen等（2016）的研究表明，作为京津冀地区的核心城市，北京和天津通过消费河北生产的产品驱动了边界以外约70%的二氧化碳排放，而家庭消费的碳排放只占其总排放量的25%左右。京津冀地区须采取全供应链的碳排放控制路径，推进供给侧和消费侧的共同优化，采取区域协同的治理行动，避免高能耗、重污染、高排放产业转移带来的排放外溢风险（张国兴等，2018；Yu et al.，2019；Liu et al.，2022）。在粤港澳大湾区，自2010年以来，广东省经济增长与碳排放脱钩的现象逐步显现，超额完成国家下达的“十二五”和“十三五”期间碳排放强度降低任务。此外，香港已在2014年左右达到人均碳排放峰值，并在之后呈现下降的趋势，澳门也开始进入排放峰值的稳定区间。当前粤港澳大湾区低碳发展的政策重点则主要聚焦调整能源与产业结构、发展清洁能源、优化热电生产与交通运输等方面。据Zhou等（2021）的研究估算，到2035年粤港澳大湾区的煤炭供应量将减半，非化石能源在总能源消费量中的占比将提高至45%左右，在加快能源系统低碳转型的同时，能源安全也将进一步得到加强。而粤港澳大湾区背后的腹地（泛珠三角地区）拥有巨大的供应清洁能源的潜力（Chen，2019；Lin & Li，2020；Zhou，2018）。目前，为促进减排，广东省已建

立起全国规模最大的区域性碳排放权交易市场。

## 1.3　多视角碳足迹及其驱动因素

碳足迹指生产与消费过程中（比如能源消耗、工业生产和居民消费等）的直接和间接（隐含）温室气体排放（通常用二氧化碳排放当量来表示）。直接温室气体排放指区域内由于能源消耗和工业生产所排放的温室气体，而间接（隐含）排放是指由某个区域（城市、地区或者国家等）的消费活动所引起的上游生产过程的温室气体排放。作为一项衡量指标，碳足迹极大地扩大了碳排放政策的研究和应用范围，能为国家、部门和供应链等方面的排放责任分配提供基础信息（Wang et al.，2018；Wiedmann，2009），因此受到广泛的关注。Davis、Caldeira（2010）通过对消费相关碳足迹的研究表明，2004年全球23%的碳排放由国际贸易所驱动，而通过生产外包形式从发达国家转移到中国等发展中国家的碳排放流动是最主要的组成部分。Li、Hewitt（2010）通过研究中英贸易所隐含的碳排放的变化，指出英国与中国的贸易使英国本身减少了11%的碳排放量，但全球碳排放量却有所增加。Liu等（2016）分析了涉及全球贸易的中国碳排放量，发现隐含在中国出口贸易中58%碳排放量的商品转移到了世界前三大进口市场，即美国（24%）、欧盟（25%）和日本（9%）。

目前很多研究是从生产和消费关系的角度来综合分析碳足迹问题（孙建卫，2010；彭水军，2015）。贸易下游国家或地区通过从其他国家进口商品或服务来满足国内需求，从而把碳排放转移到上游国家，造成上游国家直接碳排放量的增加。随着全球化的快速发展，国家和地区深度参与全球贸易，从而使得产品生产者和消费者在地理上分离，贸易对碳排放的驱动作用和外溢现象越来越显著（Mi et al.，2019；Sudmant et al.，2018；Wang et al.，2022；Zhao et al，2020）。同样，在国内不同城市或者区域间的碳排放也会随经济贸易活动而转移。与生产端相比，消费端核算可以量化商品和服务消费终端应承担的排放责任，促使消费者认识到其生活方式和消费模式对碳排放的影响，有助于制定更为公平、可靠的气候战略和政策。

一方面，现阶段被学者广泛认可的碳足迹核算方法主要包括：投入产出分析（input-output analysis，LOA）和生命周期分析（life cycle assessment，LCA）（Miller & Blair，1995；李才，2020；Allegretti et al.，2022；Jiang et al.，2017）。其中，投入产出分析是20世纪30年代列昂惕夫所提出的宏观经济模型，可以定量描述经济活动中生产和消费之间的关系。由于投入产出分析可以很好地反映消费所带来的全社会影响，它被拓展和应用于分析各类与资源和环境相关的碳足迹，如土地利用（United Nations，2017；Chen et al.，2013；Schulz，2010）、水的消耗（Ewing et al.，2012；Feng et al.，2011；Lenzen，2009；Yu et al.，2010）、材料使用（Wiedmann et al.，2015）、生物多样性的缺失（Lenzen et al.，2012b）、能源消费及碳排放（Barrett et al.，2013；Davis et al.，2011；Larsen & Hertwich，2009；Liang et al.，2007；Meng et al.，2013；Peters et al.，2011；Steen-Olsen et al.，2012；Chen & Chen，2015；Mi et al.，2016）。与基于生产端的计算方法相比，投入产出分析不仅能从消费的角度计算一个经济体的碳足迹，也能通过贸易活动来追踪跨区域产业链的碳排放转移，是区域尺度碳足迹核算的核心方法（Minx et al.，2009；McGregor et al.，2008；Wiedmann et al.，2010；Lu et al.，2012）。Liu等（2010）通过使用亚洲投入产出表分析了1990—2000年隐含在中日双边贸易中的二氧化碳排放。Meng等（2013）基于多区域投入产出模型，对2002年和2007年中国区域间二氧化碳排放研究发现，东部沿海地区是当时国内最大的二氧化碳“进口地”，西北地区是最大的二氧化碳“出口地”，中部地区是二氧化碳排放的中心地区。Jiang等（2015）分析了中国2007年各地区的碳足迹，并追踪了区域间隐含的碳排放的流动情况。Shi等（2012）根据2002年和2007年的省级投入产出表估算了中国30个省（区、市）的碳足迹，基于2002年中国区域间投入产出数据库估算了各省（区、市）间转移的碳排放。

另一方面，基于碳流动网络中部门间关系的碳排放核算和调控方法日益受到关注。学者们最初使用生态网络分析（ecological net analysis，ENA）来追踪城市碳代谢过程并计算城市碳流动。生态网络分析可以通过量化特定地区不同部门之间的碳流动，来揭示碳流动的代谢过程，评价直接、间接和隐含碳流的变化。Yang等（2013）认为生态网络分析是一个综合的网络模型，它能明确判定系统各组间的结构和功能，为城市碳代谢研究提供一个新的工具。利用生态网络分析模型，学者们从园区、城市或城市群尺度对碳代谢进行了一系列实证研究（Huang et al.，2017；Zhang et al.，2011）。Chen等（2015）利用能流分析、多区域投入产出分析和生态网络分析，基于区分不同上游地区的生产活动技术，核算了北京的消费碳足迹和控制碳足迹随时间的演变规律。

另外，结构分解分析法不仅能为研究一个地区的历史碳足迹如何随其生产技术和消费结构等的变化而变化提供见解，而且能为确定未来低碳调控的主导因素提供依据。较早的结构分解分析法应用是两因素分解分析法，即将两个时期的总产出变动分解成经济技术的变动和最终需求的变动，以测算二者的变动对总产出变动的贡献大小（Li et al.，2016；Su & Ang，2015，2017）。该方法需要通过分析两个不同时间段碳排放和经济社会指标的差异来揭示各要素和各部门的贡献差异（Xie et al.，2019）。基于投入产出表的结构分解分析法由列昂惕夫于1941年首次提出，用于对美国经济结构变化的研究。在引入环境扩展的投入产出模型后，结构分解分析法开始被广泛用于研究资源环境问题，特别是与能源消耗和碳排放相关的问题。与指标分解分析法相比，结构分解分析法数据需求较小，可以根据投入产出表（特别是消费系数矩阵）来评估得到各种社会经济因素的影响（夏明，2002）。同时，结构分解分析法结合投入产出模型可综合考虑直接和间接的环境影响。由于这些优点，结构分解分析法被广泛应用于分析多尺度经济体碳排放的历史变化和确定碳排放的驱动因素（Wang et al.，2015）。

通过结合投入产出分析和结构分解分析，王玲（2016）在单区域投入产出模型的基础上考察了1987—2007年中国碳排放强度下降的影响因素。Zhu等（2012）基于结构分解分析法研究了消费结构对中国居民消费间接碳排放的影响。也有学者使用结构分解分析法评估了碳排放强度，以及生产结构和最终消费需求对家庭消费相关间接碳排放的影响（Cellura et al.，2012；Yuan，2015）。

## 1.4 减排责任分担机制

公平合理地划分不同城市或区域间的减排责任是有效应对气候变化及实现碳中和的重要前提。影响减排责任划分的因素有许多，包括核算视角、碳排放流动和发展阶段等。全球碳排放预算和减缓气候变化责任划分一直是国际气候变化谈判中的核心议题，各国对如何分配有限的碳排放空间及各国未来能获得多大的碳配额较难达成一致（王利宁、陈文颖，2015；Pan et al.，2014）。国内外学者通常将分配准则分为四类：历史排放与代际公平、当前排放与人际公平、排放现实与效率分配公平、碳隐含和消费分配公平（杨超等，2019；Li et al.，2022）。但目前基于历史排放和人均排放等原则的全球碳配额分配方案未反映未来排放趋势，很难被所有国家接受（Peters et al.，2015）。Raupach等（2014）结合历史人均累计排放和未来可能排放（对标2 ℃到3 ℃的全球升温幅度），提出在共享原则下通过碳配额市场交易和制定合理的排放定价将全球碳配额分解为区域和国家两种碳配额，从而实现各个国家的气候缓解目标的分解。这一做法将一个全球规则问题（即每个国家应该分配多少碳配额）转变为地方行为问题（即如果其他国家的实际行动与各自倡议的碳配额份额一致，是否能够将全球碳排放控制在一定水平）。

当前研究中对城市或者区域减排责任的划分依据主要是基于生产、收入、消费这几个方面共担的原则，普遍存在生产和消费谁才是减排的“责任主体”的争论（Jakob et al.，2021；Zhang，2015；从建辉等，2018）。其中，从生产端划分减排责任仍是目前最为广泛使用的一种原则（Gallego & Lenzen，2005；Liu et al.，2015b；Skelton，2013），即根据生产活动直接造成的碳排放来划分环境减排责任。但近年来，已有学者强调仅依靠生产端视角划分减排责任存在相当大的局限性，尤其会忽略贸易转移所导致的跨区域碳泄漏问题（Fan et al.，2016；Harris et al.，2020；Nielsen et al.，2021；Qu et al.，2020；Wen & Wang，2020）。有学者提出了消费端碳足迹核算视角，将隐含在产品和服务中的碳排放纳入考虑范围（Feng et al.，2014），将生产和运输过程中产生的排放量归因于商品和服务的最终消费者，即所谓"谁消费谁负责"原则（Afionis et al.，2017；Cui et al.，2022）。该视角要求消费商品的地区承担更多的减排责任，并向商品产地提供更多经济与技术支持，以解决区域间由贸易引起的碳泄漏问题（Mi & Sun，2021）。但从消费端视角核算存在的生产地区监管压力大、跨境碳泄漏管理政策工具有限等问题需要得到进一步解决（Fan et al.，2016；Jakob & Marschinski，2013；Kander et al.，2015）。

生产和消费两个视角均对提高减排成效有重要意义，但不同系统边界得到的碳排放测算结果、碳排放责任划分存在较大差异（陈绍晴、吴俊良，2022；汪燕等，2020；王文治，2018；张小标，2019；Wang et al.，2022；Chen et al.，2020；Wang et al.，2018）。因此，有学者提出将生产和消费两个视角结合起来（即"共同责任"视角），探索一个"折中方案"，以弥补单一视角的缺陷，试图使得减排责任划分在效率与公平之间取得较好的平衡（Zhu et al.，2018；Jakob et al.，2021；Li et al.，2022；Prell & Feng，2016；Xu et al.，2021）。

## 1.5 本章小结

全球气候变化已成为当前人类生存发展面临的最大挑战之一，未来想要将全球平均气温上升控制在1.5 ℃，全世界就必须立即采取有效的气候变化减缓行动。随着《巴黎协定》各项细则的陆续实施，碳中和技术路径已经成为各国实现应对气候变化长期目标的重要途径。现阶段，国际环境日益复杂严峻，制定公平和合理的“自上而下”或“自下而上”的全球气候变化减缓行动实施框架十分重要，同时深度减排与社会经济协同发展等关键问题也亟待解决。

本章作为代谢视阈下低碳城市管理研究的开始，回顾了气候变化减缓行动的发展历程，介绍了城市和城市群的低碳建设进展，对多视角下的碳足迹核算和碳减排责任分担机制中的重要问题展开了论述。具体来说，首先，对全球低碳转型、全球气候变化减缓行动以及城市在气候治理中的重要性进行了概述。其次，梳理了低碳城市建设和各大城市群碳代谢的研究进展和深度脱碳策略。最后，从多视角论述了碳足迹核算方法并分析其经济社会驱动因素，探讨了目前碳减排责任分担机制的研究趋势和发展方向。

主要结论如下：

（1）越来越多的国家设定了碳中和的目标以减少极端气候和其他灾难的威胁。中国“双碳”目标的实现将为全球气候变化减缓做出重大贡献。

（2）从全产业链碳代谢的角度看，由于跨边界碳泄漏的普遍存在，城市不仅需要核算边界内的直接减排量，还要考量上游生产地的间接排放量，否则可能造成总碳代谢水平和碳排放量的增加。

（3）碳减排责任分担机制已逐渐从单一视角向多视角转变，成为目前碳减排领域的研究热点，但尚未形成统一的科学性考量原则，未来研究中需要继续探讨多视角碳减排责任划分方案和碳排放权分配的有机结合。

2

第 2 章

# 全球城市分部门碳排放现状与未来减排目标

**本章概要**

本章选取全球167个城市作为典型样本，评估城市分部门的人均排放差异，分析城市气候变化研究水平、城市间科研合作程度以及各城市中长期减排目标，并利用可拓展的随机性环境影响评估（STIRPAT）模型识别城市温室气体排放的主要经济社会驱动因素。

近几十年来，城市化和城市经济对气候的影响受到越来越多的关注，全球城市仍须做出更大的努力来应对气候变化。城市的温室气体减排行动很大程度上决定了气候变化减缓的成效，然而目前全球城市在减排进展、研究水平和目标设定上存在巨大差异，亟须开展统一和系统的评估。本章选取全球167个城市作为典型样本，评估城市分部门的人均温室气体排放差异；然后，基于文献计量和网络分析方法评估城市气候变化研究水平与城市间科研合作程度，并按绝对值、强度值和基准值类型对各城市中长期减排目标进行明确分类。基于此，利用可拓展的随机性环境影响评估模型识别城市温室气体排放的主要经济社会驱动因素，以分析如何建立一个一致性和包容性的全球城市减排机制。

## 2.1 全球城市碳核算与合作减排

根据联合国政府间气候变化专门委员会和国际能源署等的测算，城市地区最终能源消费约占全球总量的70%，其中能源消费相关的城市温室气体排放可达到全球排放总量的71%～76%（IEA，2008；Seto et al.，2014）。因此，城市应在全球经济的去碳化进程中扮演更为重要的角色（Creutzig et al.，2015；Ramaswami et al.，2016，2021；耿涌等，2010；林伯强、孙传旺，2011；潘家华，2013）。在国内外，城市地区的温室气体排放核算与气候影响评估已成为学者关注的热点（Kennedy et al.，2009；Brown et al.，2009；Grubler et al.，2012；刘源等，2014；王海鲲等，2011；刘竹等，2011；陈绍晴等，2021）。比如，C40城市气候领导联盟[①]的搭建旨在推动世界各大城市间实现气候研究合作，通过发布城市碳

① C40城市气候领导联盟（http://www.c40.org/cities）于2005年成立，是一个致力于应对气候变化的国际城市联合组织，包括中国、美国、加拿大、英国、法国、德国、日本、韩国、澳大利亚等国的城市成员，旨在城市碳减排方面为其他城市树立榜样。

排放清单、实行减排计划等方式共同推进低碳城市建设。截至2021年，该联盟已有包括中国香港、北京、上海、深圳和广州等城市在内的97个会员城市。虽然当前已发布了城市温室气体排放核算的推荐标准（ICLEI，WRI & C40，2014），且已有较多模型用于不同边界下的碳排放核算（Fankhauser et al.，2005；Nordhaus，2017），然而在全球范围内，针对不同城市减排进展和影响因素的评估依然有限，尤其是针对气候的研究水平和对减排目标作用的认知尚不足。因此，在温室气体排放的部门数据、研究水平和减排目标，以及经济社会驱动因素等方面，对全球城市进行系统分析并给出减排的对策建议，对从全球视野思考我国城市的脱碳路径以及碳达峰、碳中和策略有重要的现实意义（Wei et al.，2021；洪志超、苏利阳，2021）。

## 2.2 全球城市碳排放与减排目标数据

本研究中的数据来源主要包括：①C40城市气候领导联盟，其涵盖了全球97个城市，主要收集了各城市温室气体清单和减排行动等相关统计报告。②CDP全球环境信息研究中心[①]（carbon disclosure project，CDP），这是一个关注温室气体排放和气候变化战略信息披露的非营利组织，其平台会定期发布和更新世界各地和有关组织自愿上报的温室气体排放数据，旨在帮助投资者、企业、城市及地区管控环境影响。理论上，C40和CDP平台中的城市温室气体排放数据是根据《城市层面温室气体核算与报告》（*Global Protocol for Community-Scale GHG Emission Inventories*）设定的范围和部门分类统一编制的，具有较强的准确性和可比性，是目前最具有公信力的全球尺度宏观数据来源之一，适用于城市碳排放总体趋势判断、部门贡献和驱动因素分析。③基于能源消费和工业生产的测算。虽然中国没有发布具体的官方省市级碳排放量，但地市级统计年鉴中发布了能源消费和工业生产等数据，可用于测算不同时间和

① CDP全球环境信息研究中心网址为https：//data.cdp.net/en/cities.

不同部门的温室气体排放。④部分国家及地区的权威统计资料（如印度能源统计年鉴、印度中央电力局电力部数据等）。需要注意的是，由于数据上报的边界细节和计算执行的差异，城市层面排放数据普遍存在一定的不确定性。

## 2.3 全球城市分部门碳排放现状

### 2.3.1 全球城市分部门温室气体排放核算方法

本章以全球167个不同地区且处于不同发展阶段的城市作为样本，分析了其温室气体排放现状。首先，建立了全球城市温室气体分部门排放清单，涵盖了城市地理边界内排放以及进口电力消费相关排放，具体包括以下8个主要部门：住宅和机构建筑、商业建筑、工业建筑（能源使用）、工业过程和逸散排放、道路交通（私家车、公共汽车等）、铁路和航空与水运、废弃物处置（污水处理与垃圾填埋）、其他排放（农业、矿业和土地利用等）。需要注意的是，全球上规模的城市达上千个，本章并未涵盖全部，而是根据城市人口规模的差异性（如超大城市、大城市、中型城市和小城市等）、发展程度的多元性、区域分布的代表性和数据的可获得性，选取了部分典型城市样本进行分析。这些城市来自53个国家（位于北美、南美、欧洲、亚洲、非洲和大洋洲），其在地理位置、气候条件和经济社会发展等方面具有高度的异质性及代表性。

### 2.3.2 全球城市分部门温室气体排放情况

全球城市间的人均温室气体排放差异巨大，北美和大洋洲发达地区的城市（如圣路易斯、墨尔本等）的人均排放量普遍高于发展中国家的大多数城市，这与前者的高消费、高能耗的生活方式紧密相关（图2-1）。这些城市应在全球气候变化减缓中扮演更重要的角色，积极倡导和引导减排行为。虽然我国仍处于发展阶段，但在快速城市化与工业化进程下，少部分城市的人均排放水平已越来越接近发达地区。比如，无锡、上海和武汉的人均温室气体排放量达到10吨/人以上，与希腊、德国等欧洲国家的人均水平相当。值得注意的是，发展中国家拥有大量用于满足全球性消费的制造业（尤其是满足发达地区的高消费），并在生产过程中高度依赖煤炭、石油和天然气等化石燃料。因此，发展中国家在城市化和工业化的过程中会出现绝对减排前的过渡时期，这与发达国家的发展历程并无不同。少部分城市产生了较大份额的温室气体排放量，而气候变化的后果（如极端天气、海平面上升、生物多样性锐减等）几乎是全球所有居民共同承担的，随之而来的气候公平问题值得被关注。

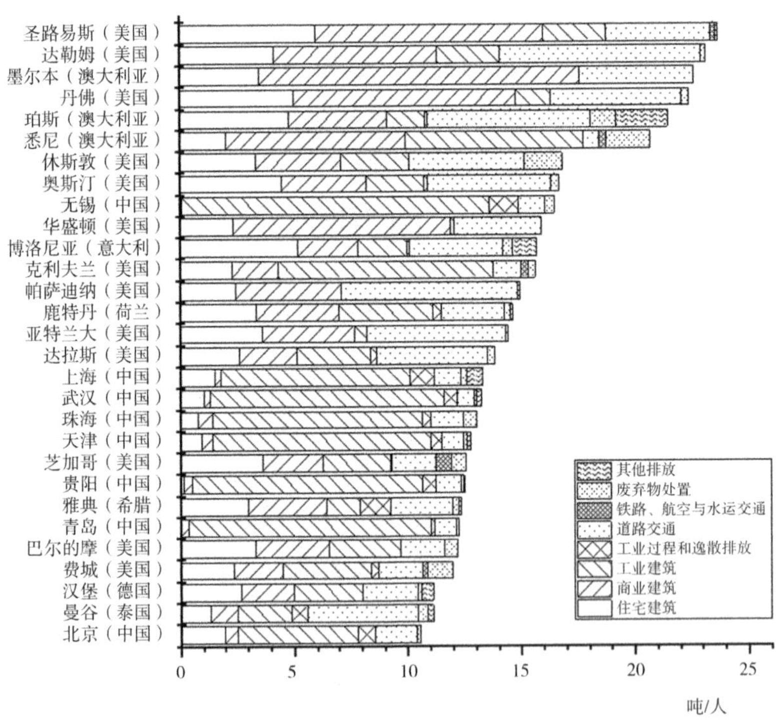


图2-1　全球城市人均分部门温室气体排放量（显示前30个城市）

在近一半样本城市中，固定能源排放量占其温室气体排放总量的70%以上，而八成以上的城市固定能源排放量占其温室气体总排放量的50%以上。因此，只有在城市固定能源排放控制良好的情况下，才能取得较明显的减排进展。澳大利亚城市（如悉尼）和美国城市（如休斯顿）的固定能源相关碳排放占比可达60%～80%，主要来自住宅和商业建筑用电等耗能活动。相比之下，我国部分城市

（如上海、武汉）的固定能源排放占比也较高，这与它们的产业结构、用能结构和土地类型布局紧密相关。这些城市的工业和商业建筑的固定能源消耗量较大，属于制造业或服务业密集型的经济发展模式（毕军等，2009）。交通部门作为移动污染源，是城市温室气体排放的另一个重要来源。在1/3的样本城市中，道路运输的排放量占温室气体排放总量的30%以上。相比之下，来自铁路、航空和水运的排放量占温室气体排放总量的15%以下。交通部门的排放情况受各城市地区经济发展、交通结构、市域面积大小、动力燃料等因素的影响。发达国家的城市由于城市化程度相对较高，交通基础设施建设更为完善，城市内运输活动更为频繁，同时制造业部门萎缩，因此交通部门的排放量在排放总量中占比更高。发展中国家的城市交通在不断发展的形势下，若交通运输行业对化石燃料的依赖仍然保持在高位，交通部门排放的比例也将迅速增加。总体上，废弃物处置、工业过程和逸散排放是体量较小的碳源，但随着城市的人口增长和工业化进展，不能忽视其未来对气候变化的影响。

## 2.4 全球城市气候研究和减排目标追踪

### 2.4.1 气候研究与减排目标追踪方法

#### 2.4.1.1 气候变化研究文献计量及网络分析方法

研究性论文是知识的重要载体，在一定程度上，某一主题的论文发表量可反映社会对该领域的关注程度和研究水平。Web of Science平台收录了大量自然科学和社会科学领域中的高影响力学术期刊，是较全面的文献检索工具，支持通过检索功能分辨作者所属单位和所在城市。本研究以Web of Science的SCI-EXPANDED和SSCI数据库作为文献来源，对全球城市在气候变化与温室气体减排相关领域发表的研究性论文进行统计。文章检索关键词选择“greenhouse gas emission”“carbon emission”“carbon footprint”“$CO_2$ emission”“climate action plan”“climate change”，并限定联合关键词为“city”或“urban”。利用该平台提供的高级检索功能，以2005—2019年为检索的时间范围（时间截面为一年），对研究选择的全球167个城市分别进行检索。结合研究主题与关注城市的筛选要求，通过数据人工清洗、判别与校验，最终总共得到12985条有效数据。

基于此，从研究合作网络视角进行文献计量分析，以识别不同时间点的全球城市气候变化减缓相关研究合作网络的时间演化趋势。城市研究合作网络分析指标包括网络节点、网络边、网络聚类数及网络平均度等（Pan et al.，2012；Newman & Girvan，2004；尹丽春等，2007）。其中，网络节点代表城市，节点大小表示与该城市存在科研合作的其他城市数量多少；网络边代表各个城市之间的联系，其粗细程度代表两个城市之间的文章合作频次；网络聚类数反映了各节点之间的连接程度差异，用于表征不同城市之间合作的集团倾向性；网络平均度是网络图中所有节点度数的平均值，可衡量整体网络中城市的平均合作强度，用于表征全球城市间气候科研合作的聚集性及规模的大小。同一篇文章中出现的不同城市间合作计1次，排除单一城市内部研究合作，且不考虑权重与方向。其中，网络平均度的计算公式如下：

$$AD=\frac{SD}{N} \tag{2-1}$$

式中，$AD$表示网络平均度，$SD$表示网络图中所有节点的度数之和（即指网络图中与节点相关联的边的条数总和），$N$代表网络节点数量。

#### 2.4.1.2 全球城市减排目标归类方法

城市温室气体减排目标主要来源于CDP全球环境信息研究中心，并以各城市的气候行动计划或自主制定的减排政策文件作为补充。目标分析内容包括：城市基本信息（城市名称、地理位置和规模边界）、目标规划细节（减排类型、减排量、阶段和基准年）等。根据目标年份的不同，将气候目标分为近期（2020—2029年）目标、中期（2030—2039年）目标和远期（2040—2050年）目

标，并根据目标类型不同进一步分为绝对减排量目标、强度目标和基线情景目标。基于国际能源与气候智库组织（Energy and Climate Intelligence Unit）发布的净零排放跟踪表[①]，统计本研究关注的167个城市所属国家或地区“碳中和”或“净零碳排放”目标制定的情况，包括是否纳入法律、政策文件或发布声明并作出正式承诺。此外，通过查阅政策文件和官方公告情况进一步明确城市的具体目标制定情况。

### 2.4.2 全球城市气候研究合作和减排目标设定

#### 2.4.2.1 全球城市气候研究及合作水平

本研究对全球案例城市在气候变化与温室气体减排相关领域发表的研究性论文进行了统计分析。如图2-2所示，该领域的文章发表总量呈现逐年增长的趋势。2005—2019年，相关文章发表总量增长了约30倍，尤其是自2015年《巴黎协定》签署以来，该领域相关文章发表数量的增长速度明显加快，表明气候问题愈发受到科学界的广泛关注。城市作为资金、知识、人员等主要科研资源的集中地，在应对气候变化问题中发挥着越来越重要的作用。城市气候研究水平的迅速提升与国际社会对气候变化问题的关注程度日渐加强相符。从国家层面看，中、美、英三国城市的气候研究发文量尤为突出，且随着时间的推进其主导地位更为显著，这三个国家城市的气候变化相关文章发表量占所有城市总发文量的比例从2005年的54%提升至2019年的93%。与此同时，2005—2019年，亚洲城市的气候变化相关研究发文量从14篇增长至1293篇，占总发文量的比例从29%提升至83%。中国城市（如北京、上海和广州等）在该领域发表科研文章的数量均呈现快速上升的趋势，分析时间段内总发文量增长了15倍以上。而其他相对欠发达国家城市（如东盟、南非等国家城市）的发文量则相对较少，总量占比低于4%，这些地区城市的气候变化相关科学研究水平仍有巨大的提升潜力。

---

① https：//eciu.net/netzerotracker.

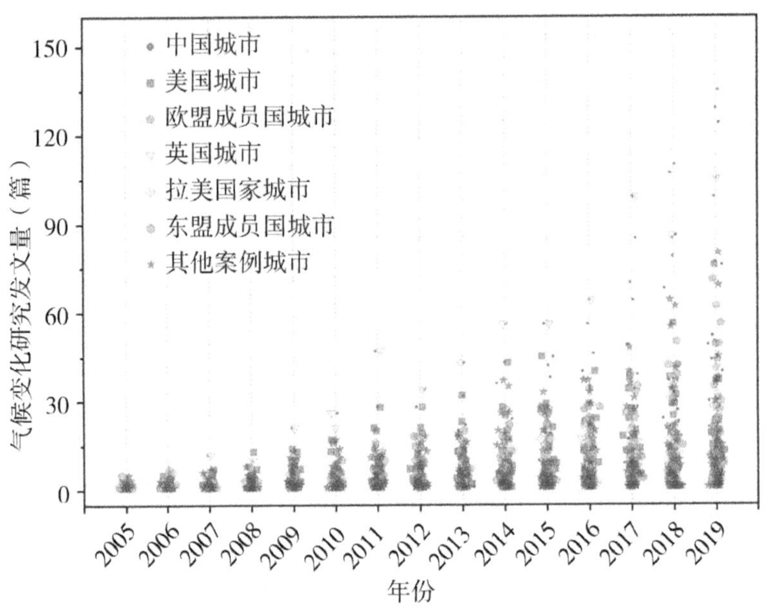


图2-2　2005—2019年全球城市气候变化研究发文量

通过网络分析方法，进一步分析了全球城市间的气候研究合作程度。如图2-3所示，随着时间的推移，网络图的节点（城市数量）及边（存在联系的城市总量）显著增加。2005年，全球各区域间的气候研究合作相对独立且稀疏，整体的网络平均度相对较低；但随着全球国家及区域间的气候研究合作愈加紧密和频繁，2010年、2015年与2019年的网络平均度呈现递进式增长。2005—2019年城市气候研究合作的网络平均度提升了约9倍，这表明越来越多的城市参与到气候变化科研协作中，城市间的气候研究合作规模亦在不断强化。所有城市中，与纽约、多伦多、伦敦、北京等国际城市存在合作的城市总数量最多。在2015年后，亚洲城市（如香港、上海、广州等）的合作城市数量有了明显的提升，表明这些地区在寻求温室气体减排与应对气候变化方面的决心都在迅速提升。此外，在2015年之前，网络聚类数（反映城市间合作网络集聚趋势）较大，表明城市更倾向于与地理位置相邻的主要国际大都市合作，而在2015年之后聚类数有所降低，城市间的气候研究合作打破了更多地理上的限制，变得更加开放。气候变化是关系全人类共同命运的

重要问题，城市应在不断提高气候变化科学认知水平与探索减缓气候变化行动方案中发挥更加积极的作用。在当前全球科学研究合作成为共识的背景下，应鼓励建立可持续的气候变化研发合作机制，不断评估并缩小与1.5 ℃控温目标所需努力之间的差距。

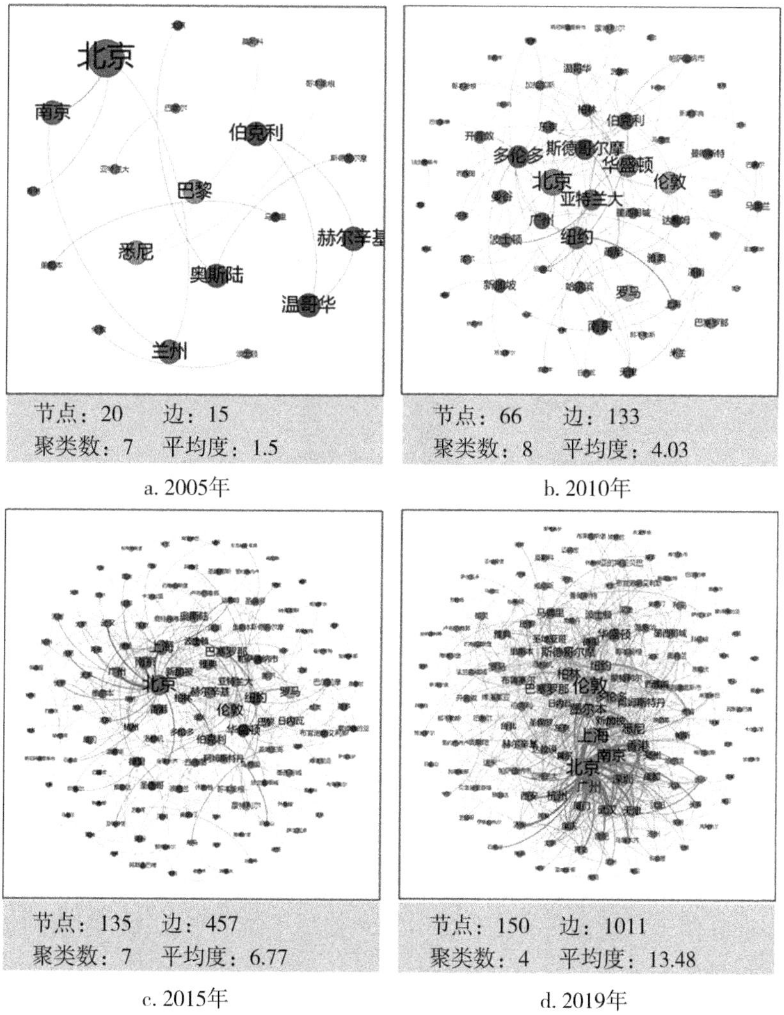

节点：20　边：15
聚类数：7　平均度：1.5

a. 2005年

节点：66　边：133
聚类数：8　平均度：4.03

b. 2010年

节点：135　边：457
聚类数：7　平均度：6.77

c. 2015年

节点：150　边：1011
聚类数：4　平均度：13.48

d. 2019年

图2-3　全球城市气候科研合作网络演变（2005年、2010年、2015年、2019年）

#### 2.4.2.2　减排目标追踪结果

在所研究的167个城市中，有118个城市制订了不同类型的温室气体减排目标。其中，共76个城市制订了绝对减排目标，38个城市制订了强度减排目标，4个城市制订了基线情景减排目标（图2-4）。另外，发达国家的城市大多采用绝对减排量目标，相比之下，处于经济快速增长和工业化加速阶段的城市更倾向于采用强度减排目标或基线情景减排目标。例如，我国大部分城市基于国家层面的温室气体排放控制方案与五年规划发展纲要的要求，提出了明确的碳排放强度下降目标。

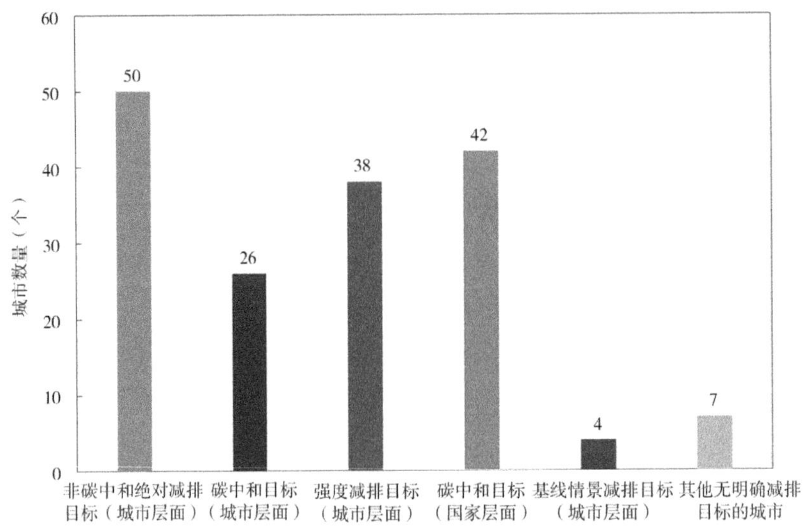


图2-4　全球城市各类别温室气体减排目标分布

目前，已有超过60个国家将实现碳中和目标纳入国家法律、政策文件，或以发布声明的形式承诺实现碳中和。在本研究的167个全球城市中，有155个城市所在的国家明确提出了整体的碳中和目标，而其中有26个城市自主提出了明确的城市级别碳中和目标，大部分位于发达国家。虽然部分城市提出了碳中和目标，但更多城市仍停留在“商讨”和“谋划”阶段。在各国应对气候变化的政策背景下，城市仍须针对自身的发展现状及需求，制订阶段性的应对气候变化分解行动方案，提出具有包容性和可操性的碳中和路径。我国城市正处于从强度减排目标到碳达峰碳中和绝对减排目标的转型过程中。比如，面向“十四五”规划，我国大型城市（如北京、上海、广州、深圳、苏州等）也正在为“绝对量”减排目标编制方

案，力求率先实现碳排放达峰并探索碳中和路径。这一转变对全球在本世纪中叶左右实现碳中和有决定性的意义。

## 2.5 全球城市碳排放驱动因素解析

### 2.5.1 经济社会驱动因素分析方法

本章利用可拓展的随机性环境影响评估（STIRPAT）模型，量化人口规模变化、经济总量变化、城市气候研究水平及减排目标等各类经济社会因素对城市温室气体排放的驱动作用。该模型为环境经济学经典模型，其本质是应用多元回归计量分析，清晰展示因变量与自变量之间的定量关系（Dietz & Rosa，1997）。在STIRPAT模型构建中，无论是因变量还是自变量在拟合前均进行了对数处理，降低了异方差，从而提高了模型的稳定性（Li et al.，2016）。在本章所选择的城市样本中，共有76个城市已明确提出了温室气体绝对排放量减排目标。以全球这76个城市为模型样本，将城市常住人口规模、人均生产总值、气候研究水平（城市气候变化领域论文发表数量）、减排目标（目标年相对于基准年的温室气体排放总量的减排百分比）作为自变量，进而分析这些自变量对城市温室气体排放的驱动影响，并在此基础上评估城市温室气体排放与经济社会发展要素之间的相关关系。该模型基本形式可表示为：

$$\ln(I_{it})=\ln(\alpha)+b\ln(P_{it})+c\ln(A_{it})+d\ln(T_{it})+\varepsilon \qquad (2\text{-}2)$$

式中，$i$和$t$分别代表地方和年份；$I$表示环境影响值；$\alpha$、$P$、$A$及$T$则分别表示常数项、人口规模、财富与技术水平；$b$、$c$、$d$则分别代表模型中变量$P$、$A$及$T$的系数；$\varepsilon$则表示随机扰动项。在此基础上，本研究基于实际样本量与研究需求对模型进行了拓展和调整。调整后的模型如下：

$$\ln(GHG)=\ln(\alpha)+b\ln(POP)+b\ln(GDP')$$
$$+c\ln(PUB)+d\ln(PRT)+\varepsilon \qquad (2\text{-}3)$$

式中，$GHG$表示城市温室气体排放量；$POP$表示城市的人口数量；

*GDP'* 为城市地区人均生产总值；*PUB*为对应城市当年在温室气体减排与气候变化研究领域的发文量，表征气候研究水平；*PRT*为目标年份相对于基准年份的温室气体排放总量年均减排率，表征城市减排目标。

在进行STIRPAT模型分析前，通过计算每个自变量方差膨胀系数检验回归方程是否存在多重共线性问题。若存在自变量对应的方差膨胀系数大于10，则表明该自变量与其他自变量之间存在高度相关关系。相反，若所有自变量对应的方差膨胀系数均小于10，说明该多元回归模型不存在共线性问题，拟合结果稳定可靠。

### 2.5.2 全球城市碳排放经济社会驱动因素

通过计算每个自变量方差膨胀系数的方法检验回归方程是否存在多重共线性问题，发现多元回归方程的每个自变量的方差膨胀系数均小于10，表明自变量之间并不存在多重共线性问题，拟合结果具有稳定性与可靠性。表2-1显示了全球城市温室气体排放与人均GDP、人口规模、气候研究水平、减排目标的拟合结果。结果表明，人均GDP和人口规模为温室气体排放显著的驱动因素。其中，人口规模对温室气体排放的驱动作用相对较大，表明城市人口规模的增长在很大程度上刺激了温室气体排放的增加。1990—2020年，全球城市地区人口数量从23亿提升至42亿，城镇人口占比从40%左右上升至50%以上。在一些尚处于快速发展阶段的城市，城市化仍有较大的发展空间。城市人口的快速增长必将导致各类消费需求增长，进而推动更多的工业生产、土地资源消耗和废弃物产生等，进一步导致能源消耗和温室气体排放量的增加。除人口规模外，人均GDP对全球城市温室气体排放的驱动效应同样显著。经济增长需要各种资源作为支撑动力，当前许多发展中国家经济仍依靠高耗能和低附加值产业驱动，加上部分发达国家在进行产业结构调整时将“高碳”生产线转移到发展中国家，这为实现经济增长与温室气体排放脱钩带来了挑战。

相比之下，城市温室气体排放与其气候研究水平整体呈现

一定的负相关关系。这表明，城市减排成效与其在气候变化领域的科研投入是紧密相关的，加大科研投入可在一定程度上提高城市减排的效果。在这方面，虽然很多发展中国家城市的气候研究水平后发突出，但发达国家的大城市仍有更好的研究基础优势，整体气候研究科技累积更丰富，然而还应将科研经验与成果向其他城市推广应用，促进全球各地的气候研究合作与科学减排。另外，城市温室气体排放量与减排目标（即目标年均减排率）也呈一定程度的负相关。相对于气候研究水平，减排目标的负向驱动效应更强。对于城市来说，减排的目标越大、规划越明确，减排的前景将越明朗，也能够吸引越多低碳领域的投资和基础设施建设，因此也越有利于温室气体减排。在这方面，欧美发达国家大城市（如丹麦的哥本哈根、西班牙的马德里、美国的新奥尔良与西雅图等）及部分发展中国家的城市（中国的部分城市、约旦的安曼、南非的德班等）均有较大的减排目标，是促进全球控温目标实现的一大推力。

**表2-1　全球城市温室气体排放STIRPAT模型回归结果**

| 自变量 | 回归系数 | 标准误差 | $p$值 | 显著性 |
|---|---|---|---|---|
| 人均GDP | 0.491 | 0.165 | 0.004 | ** |
| 人口规模 | 0.867 | 0.071 | <0.001 | *** |
| 气候研究水平 | –0.186 | 0.069 | 0.009 | ** |
| 减排目标 | –0.385 | 0.221 | 0.086 | · |
| 常数项 | –2.773 | 2.309 | 0.234 | / |
| 回归方程的$p$值：<0.001 | | | | |
| 调整后$R^2$：0.72 | | | | |

注：气候研究水平以气候变化相关研究的文章发表数来表征；减排目标以目标年份相对于基准年份的温室气体排放量的年均减排率来表征；***、**、·分别表示在0.1%、1%与10%水平下显著，/表示不显著。

以已制订绝对减排目标的76个城市为样本，进一步分析具有不同减排目标的城市的人口规模及人均GDP与温室气体排放的相关关系（图2-5）。在这76个城市中，共有26个制订了碳中和目标，其中绝大部分是长期的碳中和目标规划（除哥本哈根制订了2025年碳中和目标）。而对于50个制订了非碳中和减排目标的城市，其大部分设置的都是中短期的减排目标规划。

整体上，设定了绝对减排目标城市的温室气体排放量与人口规模和人均GDP指标均呈正相关关系。无论从人口规模还是人均GDP指标的角度，以非碳中和减排目标城市分组的拟合曲线斜率显著高于以碳中和目标城市分组的拟合曲线斜率，显示了非碳中和减排目标城市的温室气体排放与人口规模和经济产出脱钩更弱。例如，高雄、莫斯科、法兰克福等城市的人均GDP虽然不高，但其温室气体排放量尤为突出。相比之下，碳中和目标城市的温室气体排放与人口规模和人均GDP的脱钩更强，即这类城市能更好地平衡经济社会发展与温室气体减排的关系。以纽约、东京等城市为例，尽管其人口规模与经济发展水平均处于高水平，但其排放总量并不突出。值得注意的是，尽管香港和首尔设定了碳中和目标，但这两个城市在碳中和目标城市样本形成的拟合曲线之上，表明该类城市未来在平衡经济发展与减排方面仍有提升空间；而纽约和洛杉矶虽然设定了减排80%而非100%的目标，但二者的经济发展与温室气体的相关性显著低于其所在分组的普遍趋势，甚至更接近于碳中和目标城市分组的拟合曲线，这与该类城市本身经济发展结构合理、减排目标规划明确、政策执行力强等有关。这也间接说明了设置碳中和的强减排目标有利于进一步推动城市经济社会发展与温室气体排放脱钩，反过来也会给城市碳中和进程注入动力。因此，未来除了需要继续缩小全球城市间减排能力和水平的差异，还应力推城市制订更具雄心的减排目标与更明确的减排方案，推动更多城市的经济发展与碳排放脱钩。

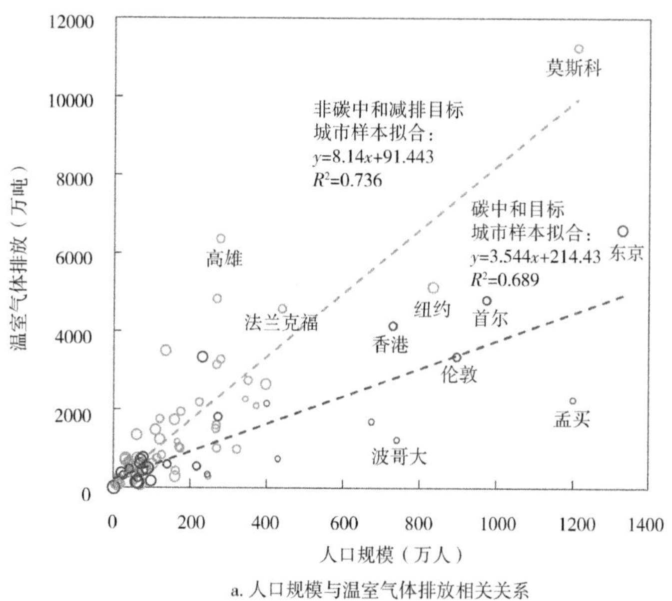


a. 人口规模与温室气体排放相关关系

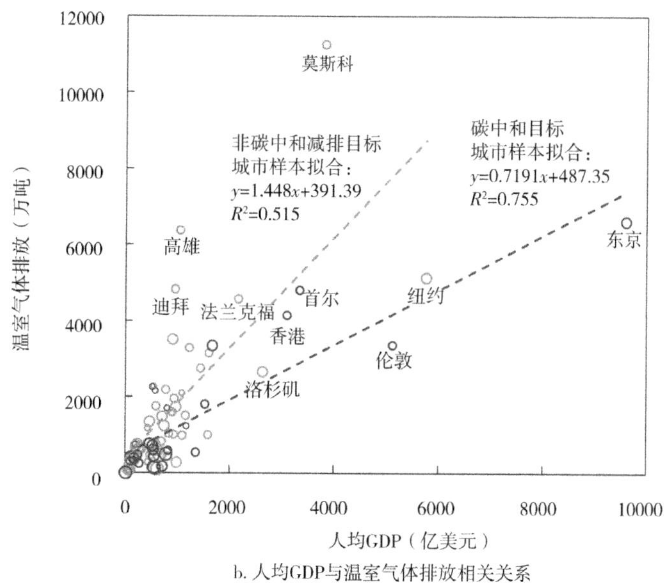


b. 人均GDP与温室气体排放相关关系

人均GDP（美元）：◦ 0～30000 ○ 30000～60000 ○ 60000～80000 ○ > 80000

○ 非碳中和绝对减排目标（城市层面） **○** 碳中和目标（城市层面）

**图2-5 区分减排目标下的全球城市温室气体排放与人口规模及人均GDP的相关关系**

## 2.6 本章小结

作为温室气体减排的主战场，城市应在应对减缓气候变化行动中扮演更为重要的角色，推动经济从高消耗、高排放的工业化模式逐步转型为创新驱动的低碳可持续发展模式。城市的温室气体减排行动很大程度上决定了气候变化减缓的成效。针对全球城市在减排进展、研究水平和目标设定上的巨大差异，本章进行了初步的评估，选取全球167个城市作为典型样本，首先评估城市分部门的人均温室气体排放差异；然后，基于文献计量和网络分析方法评估城市气候变化研究水平与城市间科研合作程度，并按排放的绝对值、强度值和基准值类型对各城市中长期减排目标进行明确分类。最后基于此，利用可拓展的随机性环境影响评估（STIRPAT）模型识别城市温室气体排放的主要经济社会驱动因素，旨在推动一致性和包容性的全球城市减排机制的建立。

主要结论如下：

（1）全球城市人均温室气体排放差异巨大，北美和大洋洲发达地区的城市人均温室气体排放量仍高于大多数发展中国家城市。

（2）从分部门角度来看，工业、建筑和交通部门是温室气体排放的主要来源。全球城市间气候合作规模快速扩大，但温室气体减排目标设定与量化方法分异较大，发达国家城市普遍设定绝对减排目标，发展中国家城市则大多处于强度减排目标制定阶段，但提出碳中和远景目标的城市正在增多。

（3）在全球范围内，人均GDP和人口规模为城市温室气体排放增长的主要驱动因素，而加强气候研究水平和设置可量化的深度减排目标在一定程度上可推动实质减排。

# 第 3 章

# 城市消费与控制碳足迹演化及驱动因素

**本章概要**

本章以北京市为例，通过结合投入产出分析法、网络控制分析法与结构分解分析法，跟踪测算了1985—2012年城市消费端碳足迹和控制碳足迹的演变过程，并分析了这两种碳足迹如何被本地、国内和国外区域的各种社会经济因素所驱动。

在全球化进程中，城市既能加速也能遏制全球气候变化趋势，城市的碳排放清单编制和碳排放核算模型的构建对于维持城市韧性与可持续发展至关重要。随着生活消费逐渐趋于全球化，区域外的能源消耗和碳排放量可能会显著增加，只考虑行政区域内的直接碳排放会导致城市化对全球气候变化的影响值被低估。因此，在低碳城市建设时，应同时考虑城市活动相关的碳排放（无论是区域内的还是区域外的），区分不同区域间经济结构和技术结构的差异，以准确计算出城市上游生产链的碳足迹。

本章在前人研究的基础上，提出一种基于投入产出分析、网络控制分析和结构分解分析的跨区域碳足迹追踪方法，以北京市为例，对1985—2012年城市碳足迹（包括消费碳足迹和控制碳足迹）进行深层次的分解，系统解析整个城市的消费碳足迹和控制碳足迹如何被各类社会经济驱动因子所影响，并探讨城市在生产供应链外部化的趋势下，其碳排放如何为其他地区所控制。最后进一步将各因素的贡献分解成不同最终需求种类的影响，为更准确地开展碳减排行动、制定城市碳减排政策提供新思路。

## 3.1 城市消费与控制碳足迹研究框架及数据

### 3.1.1 多视角下的城市碳足迹研究框架

现代城市的消费不仅依赖于其自身生产链，同时也涉及城市外其他区域的贸易市场，需要从多个视角进行解析。本章除分析消费碳足迹之外，还引入控制碳足迹这一概念，通过结合多区域投入产出分析、网络控制分析和结构分解分析建立了一个部门层面的系统研究方法。

网络控制分析来自生态网络分析方法（Han et al.，2015；Guan et al.，2014；Zhang et al.，2014），在生物领域，被用来研究自然系统中各食物链上捕食者对被捕食者的控制关系。在城市系统中，其主要被用来评价基于不同投入产出环境的不同的生产部门或区域之间的关系，分析部门对城市经济（Chen & Chen，2015；Chen et al.，2016）和工业园区（Fath，2004；Patten，2006）中物质流和能量流的控制，是计算环境控制流的主要方法。控制碳足迹指被供应链中的某一部门或区域所最终控制的碳排放量。例如，根据能源供需关系，一方面，电力部门可以控制制造业部门，从而影响后者的碳足迹。另一方面，电力部门被上游矿业部门控制并通过这种控制关系产生碳足迹。与消费碳足迹相比，控制碳足迹特指在部门之间或区域间存在的成对碳流动基础上，被一个部门或某区域实际控制的部分隐含碳排放量，可以揭示部门间或区域间的碳排放控制机制（Chen & Chen，2015；Schramski et al.，2006）。随着对外开放程度的提高，城市所产生的碳足迹超过了自身的监管范围，控制碳足迹的引入可以从全新的角度来分析碳泄漏管理的问题。

本章研究框架主要分为三个部分：①联系中国的多区域投入产出表与全球的多区域投入产出表，考虑不同地区的生产效率和经济结构的差异，量化1985—2012年本地、国内和国外经济体造成的北京消费碳足迹和控制碳足迹的变化，并将城市中的碳足迹分成城市本地碳排放、国内调入碳排放与国外调入碳排放三个部分。②在计算碳足迹的基础上，将投入产出分析、网络控制分析分别与结构分解分析相结合，将碳足迹的变化进行分解计算，探讨消费碳足迹和控制碳足迹怎样被不同的社会经济因素（碳排放强度、经济生产结构、消费结构、人均消费量与人口）所驱动。③将各种社会经济因素对碳足迹的影响进一步分解成不同最终需求种类（城镇消费、农村消费与固定资产形成）的贡献。具体研究框架如图3-1所示。

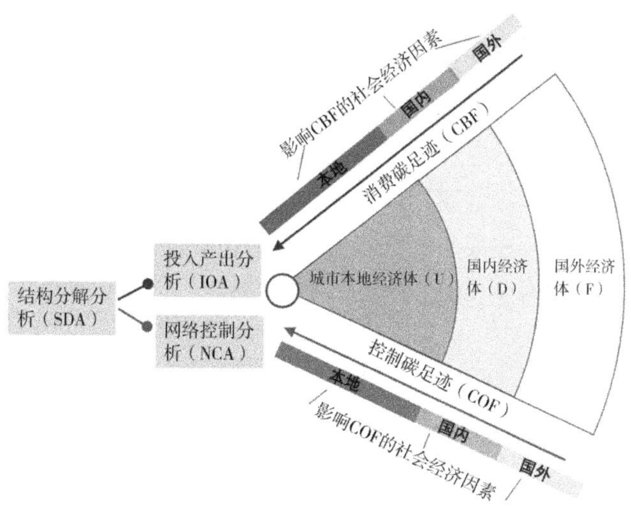


图3-1 基于系统的跨区域城市碳流动追踪框架

### 3.1.2 研究区域与数据介绍

本章以北京市作为典型研究案例。近年来北京城市人口和地区GDP的增长速度以及对碳排放的贡献变化巨大。另外，从20世纪80年代至今，北京一直处于高速的经济发展和全球化加深阶段，市内的消费需求越来越不能被本地生产所满足，消费与生产之间的缺口只能通过国内其他地区支持及国外进口来填补，这便产生了显著的碳泄漏。因此，在跨区域的视角下分析北京市区域内及与北京市相关联的其他经济体在碳排放过程中发挥的作用是非常必要的。北京属于直辖市，因此有研究需要用到的投入产出表及地区GDP和人口变化的详细数据，有利于支撑碳足迹的演化分析。

本章中涉及的每个部门的直接能源消耗、经济和人口数据都来源于《北京统计年鉴》。不同能源类型的碳排放系数是从中国《省级温室气体清单编制指南》和《IPCC2006年国家温室气体清单指南》获得。北京市1985年、2000年和2012年的投入产出表来自北京市统计局。中国的多区域投入产出表包含30个省（区、市）的30个部门。全球多区域投入产出表来源于世界投入产出数据库，分35个部门来描述中国和世界其他区域的经济关系。本章将中国的多区域投入产出表和世界多区域投入产出表汇编成24个部门，价格水平与2000年保持一致。由于没有省级国际贸易数据的直接来源，本研究假设北京从其他国家进出口的贸易结构和从国内其他区域进出口贸易保持一致。此外，选择1985年、2000年、2012年的相对应的投入产出表分别模拟，在某些年份数据缺乏的情况下，使用最近一年的技术系数矩阵中的近似数据代替。

## 3.2 城市的直接碳排放核算

### 3.2.1 直接碳排放核算方法

计算直接碳排放是计算消费碳足迹和控制碳足迹的基础。北京使用的一次能源消费类型主要有煤（包括原煤、其他洗煤和型煤）、焦炭、焦炉煤气（含其他煤气）、汽油、煤油、柴油、液化石油气和天然气。电力和热力作为二次能源不包括在直接碳排放清单中。工业过程中产生的碳排放主要考虑水泥（包括熟料）和钢的生产。参照IPCC（2006）导则上温室气体排放清单编制方法，城市能源消费产生的直接碳排放可以由特定类型的燃料的消耗量或部门$i$在工业过程的消耗量（$k$）乘以各自的二氧化碳排放系数（表3-1），计算得出公式如下：

$$DCE=\sum_{i=1}\sum_{k=1} activity（i，k）\times emission\ coefficient（i，k） \tag{3-1}$$

式中，*DCE*为能源消费产生的直接碳排放，*activity*为部门在工业过程中的消耗量，*emission coefficient*为二氧化碳排放系数。

**表3-1 IPCC收录的主要一次能源二氧化碳排放系数**

| 能源类型 | 平均低位发热量（kJ/kg） | 折标准煤系数（kgce/kg） | 单位热值含碳量（tc/TJ） | 碳氧化率 | 二氧化碳排放系数（$kgCO_2/kg$） |
|---|---|---|---|---|---|
| 煤 | 20908 | 0.7143 | 26.37 | 0.94 | 1.9003 |

续表 3-1

| 能源类型 | 平均低位发热量（kJ/kg） | 折标准煤系数（kgce/kg） | 单位热值含碳量（tc/TJ） | 碳氧化率 | 二氧化碳排放系数（$kgCO_2/kg$） |
|---|---|---|---|---|---|
| 焦炭 | 28435 | 0.9714 | 29.5 | 0.93 | 2.8604 |
| 焦炉煤气 | 46055 | 1.5714 | 18.2 | 0.98 | 3.0119 |
| 汽油 | 43070 | 1.4714 | 18.9 | 0.98 | 2.9251 |
| 煤油 | 43070 | 1.4714 | 19.5 | 0.98 | 3.0179 |
| 柴油 | 42652 | 1.4571 | 20.2 | 0.98 | 3.0959 |
| 液化石油气 | 50179 | 1.7143 | 17.2 | 0.98 | 3.1013 |
| 天然气 | 38931 | 1.3300 | 15.3 | 0.99 | 2.1622 |

### 3.2.2 城市各部门直接碳排放演变

图3-2显示了北京市1985年、2000年和2012年24个部门直接碳排放的变化过程。从整体上看，在人口持续增加以及能源需求上升的情况下，直接碳排放量一直在增加，但增速在逐步放慢。2000年的直接碳排放（68.63兆吨）比1985年（32兆吨）增长了近115%。而在资源环境可持续发展和产业结构转型的影响下，2012年的直接碳排放量得到了有效控制，较2000年仅增长23%。

从部门层面来看，各部门对应的名称及产生的消费碳足迹和增长率见表3-2，1985年碳排放量最大的三个部门是S12（金属冶炼及压延加工业）、S10（化学工业以及医药制造业）、S19（电力、热力和水的生产和供应业）。可以看出，重工业的碳排放量占直接碳排放总量的很大一部分。S19、S12和S9（石油加工、炼焦及核燃料加工业）所产生的直接碳排放量在2000年的所有部门的排放量中占据前三。而2012年碳排放量前三大部门分别为S19、S21（交通运输、仓储业和信息传输）、S23（金融、科研、水利和环境）。由此可知，2000年之后，北京市产业重心由制造业转向服务业，金属加工业（S12）等工业部门的直接碳排放量明显下降，而能源的供应业（S19）和服务业（S21—S24）的碳排放量在增加。

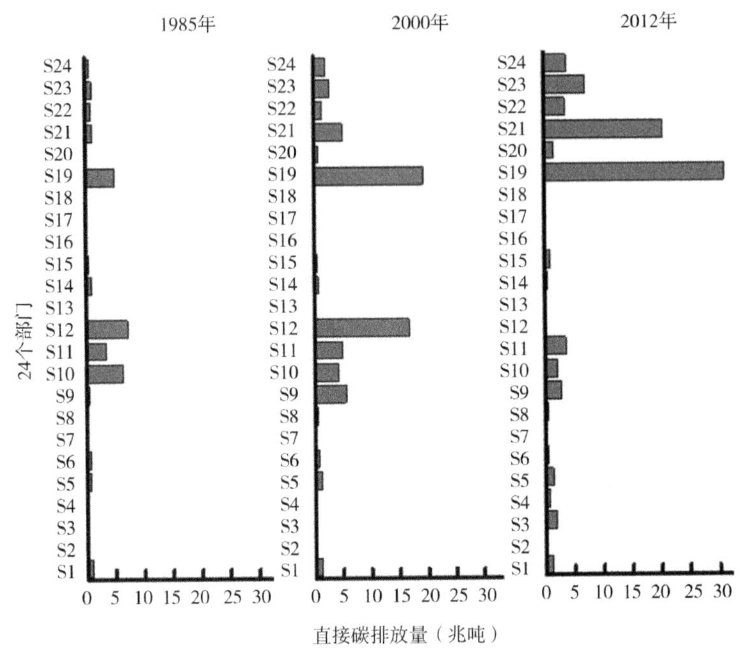


图3-2　北京市1985—2012年分部门直接碳排放演变

表3-2　1985—2012北京市24个经济部门消费碳足迹演变情况

| 经济部门 | | 消费碳足迹（兆吨） | | | 增长率（%） | | |
|---|---|---|---|---|---|---|---|
| | | 1985年 | 2000年 | 2012年 | 1985年 | 2000年 | 2012年 |
| S1 | 农林牧渔业 | 1.07 | 1.40 | 3.19 | — | 31 | 128 |
| S2 | 煤炭、石油和天然气开采业 | 0.59 | 1.59 | 22.77 | — | 169 | 1332 |
| S3 | 金属矿采选业 | 0.00 | 1.65 | 1.13 | — | — | -32 |
| S4 | 非金属矿及其他矿采选业 | 0.05 | 0.25 | 1.13 | — | 400 | 352 |

续表 3-2

| 经济部门 | | 消费碳足迹（兆吨） | | | 增长率（%） | | |
|---|---|---|---|---|---|---|---|
| | | 1985年 | 2000年 | 2012年 | 1985年 | 2000年 | 2012年 |
| S5 | 食品制造及烟草加工业 | 0.75 | 1.57 | 1.64 | — | 109 | 4 |
| S6 | 纺织业、服装鞋帽皮革羽绒及其制品业 | 0.62 | 0.76 | 1.35 | — | 23 | 78 |
| S7 | 木材加工及家具制造业 | 0.56 | 0.17 | 0.44 | — | -70 | 159 |
| S8 | 造纸印刷及文教体育用品制造业 | 0.26 | 0.56 | 2.66 | — | 115 | 375 |
| S9 | 石油加工、炼焦及核燃料加工业 | 1.02 | 5.62 | 5.07 | — | 451 | -10 |
| S10 | 化学工业以及医药制造业 | 4.45 | 6.10 | 5.89 | — | 37 | -3 |
| S11 | 非金属矿物制品业 | 4.17 | 7.68 | 11.31 | — | 84 | 47 |
| S12 | 金属冶炼及压延加工业 | 11.54 | 30.32 | 18.42 | — | 163 | -39 |
| S13 | 金属制品业 | 0.24 | 0.39 | 0.79 | — | 63 | 103 |
| S14 | 通用、专用设备制造业 | 0.72 | 0.83 | 0.40 | — | 15 | -52 |

续表 3–2

| 经济部门 | | 消费碳足迹（兆吨） | | | 增长率（%） | | |
|---|---|---|---|---|---|---|---|
| | | 1985年 | 2000年 | 2012年 | 1985年 | 2000年 | 2012年 |
| S15 | 交通运输设备制造业 | 0.33 | 0.76 | 0.59 | — | 130 | –22 |
| S16 | 电气机械及器材制造业 | 0.77 | 0.54 | 0.10 | — | –30 | –81 |
| S17 | 通信设备、计算机及其他电子设备制造业 | 0.09 | 0.56 | 0.37 | — | 522 | –34 |
| S18 | 工艺品及其他制造业 | 0.06 | 0.36 | 0.76 | — | 500 | 111 |
| S19 | 电力、热力和水的生产和供应业 | 8.51 | 32.11 | 118.08 | — | 277 | 268 |
| S20 | 建筑业 | 0.27 | 0.76 | 0.07 | — | 181 | –91 |
| S21 | 交通运输、仓储业和信息传输 | 1.48 | 3.88 | 25.94 | — | 162 | 569 |
| S22 | 批发、零售业和住宿、餐饮业 | 1.22 | 1.31 | 1.89 | — | 7 | 44 |
| S23 | 金融、科研、水利和环境 | 1.12 | 1.79 | 5.35 | — | 60 | 199 |
| S24 | 公共事务、居民服务和其他服务业 | 0.77 | 1.62 | 4.89 | — | 110 | 202 |

续表 3-2

| 经济部门 | 消费碳足迹（兆吨） | | | 增长率（%） | | |
|---|---|---|---|---|---|---|
| | 1985年 | 2000年 | 2012年 | 1985年 | 2000年 | 2012年 |
| 总计 | 41 | 103 | 234 | — | 151 | 127 |

## 3.3 城市消费碳足迹核算

### 3.3.1 消费碳足迹核算方法

投入产出分析被广泛用于计算隐含在上游生产和服务供应链中的碳足迹（Minx et al.，2005；Feng et al.，2012；Liang et al.，2016；Guan et al.，2008；Chen & Chen，2016）。由于与城市相关的不同区域的生产效率和经济结构之间存在差异，在追踪碳足迹变化方面，多区域投入产出分析比单区域投入产出分析更为合适（Wiedmann et al.，2010；Miller & Blair，1985；Liang et al.，2010）。本章通过链接中国多区域投入产出表和全球多区域投入产出表，建立了一个跨区域的投入产出表，由此也建立了城市与其他地区间的经济流动网络。中间流动和最终需求的计算公式如下：

$$(x^{ou})_{n\times n}=\hat{t}\times(x^{od})_{n\times n} \tag{3-2}$$

$$(y^{ou})_{n\times 1}=\hat{t}\times(y^{od})_{n\times 1} \tag{3-3}$$

式中，北京和其他地区的中间流动（$x^{ou}$）以及最终需求（$y^{ou}$）是通过全球投入产出表里中国和其他区域的中间流动（$x^{od}$）和最终需求（$y^{od}$）计算得出。$t=Z^{ou}/\sum Z^{ou}$，$t$为一个比例系数，其中，$Z^{ou}$表示来自中国多区域投入产出表的城市或地区的进口数据，$\hat{t}$是$t$的对角矩阵。

不同来源的消费碳足迹计算过程如下：

$$CBF^{u}=\theta_{1\times rn}L_{rn\times rn}y^{u}_{rn\times 1} \tag{3-4}$$

$$CBF^{d}=\theta_{1\times rn}L_{rn\times rn}y^{d}_{rn\times 1} \tag{3-5}$$

$$CBF^{f}=\theta_{1\times rn}L_{rn\times rn}y^{f}_{rn\times 1} \tag{3-6}$$

$$CBF^{total}=\theta_{1\times rn}L_{rn\times rn}y_{rn\times 1}=CBF^{u}+CBF^{d}+CBF^{f} \tag{3-7}$$

$$y^{u}_{rn\times1}=\begin{pmatrix} y^{u}_{1} \\ y^{u}_{2} \\ \vdots \\ y^{u}_{n} \\ 0 \\ \vdots \\ 0 \\ \vdots \end{pmatrix}_{rn\times1} \quad y^{d}_{rn\times1}=\begin{pmatrix} \vdots \\ 0 \\ y^{d}_{1} \\ y^{d}_{2} \\ \vdots \\ y^{d}_{n} \\ 0 \\ \vdots \end{pmatrix}_{rn\times1} \quad y^{f}_{rn\times1}=\begin{pmatrix} \vdots \\ 0 \\ \vdots \\ 0 \\ y^{f}_{1} \\ y^{f}_{2} \\ \vdots \\ y^{f}_{n} \end{pmatrix}_{rn\times1} \tag{3-8}$$

式中，$CBF^{u}$、$CBF^{d}$和$CBF^{f}$分别代表来源于本地、国内和国外生产的消费碳足迹。$L_{rn\times rn}=(I-A_{rn\times rn})^{-1}$，$A=[a_{ij}]$，$a_{ij}=x_{ij}/X_{i}$，$x_{ij}$表示在城市—全球投入产出表中部门$i$流向部门$j$的经济流，$X_i$代表部门$i$的总产出，$I$是单位矩阵，$r$代表某个区域，$n$代表区域中的某个部门。$L_{rn\times rn}$是包括本地、国内和国外经济的总技术系数矩阵。$y^{u}_{rn\times1}$、$y^{d}_{rn\times1}$和$y^{f}_{rn\times1}$依次代表本地、国内和国外提供的城市最终消费（包括城市消费、农村消费和固定资产形成）。

### 3.3.2 城市分部门消费碳足迹演变

2012年24个部门产生的消费碳足迹总量相对于1985年增加了480%（193兆吨），平均每年增加约6.7%。1985—2000年间消费碳足迹的增长速度约为6.5%，2000年之后的增速也并没有发生明显变化。

各部门每一年产生的消费碳足迹也出现了明显的变化。1985—2000年，除木材加工及家具制造业（-70%）和电气机械及器材制造业（-30%）之外，其他部门产生的消费碳足迹都在增加，增长幅度最高达到522%（通信设备、计算机及其他电子设备制造业）。2000年后，有9个经济部门产生的消费碳足迹在逐渐减少，其中建筑业下降最快（-91%）。然而，除了这9个部门外，其他部门产生的消费碳足迹都在快速增长（煤炭、石油和天然气开采业增长幅度最高达到1332%），大大超过了这9个部门消费碳足迹的下降速度，这导致2000年之后消费碳足迹持续增长。

## 3.4 城市控制碳足迹核算

### 3.4.1 控制碳足迹核算方法

网络控制分析被用于分析不同系统组分间的主导因素（Lu et al.，2012；李海英，2014；Ramaswami & Chavez，2013）。利用这一方法可以有效找出能源以及碳流动网络中不同部门和地区间的主要控制关系分布（Chen & Chen，2015；Wang et al.，2016；沈利生，2011）。本章进一步提出用控制碳足迹来描述来自不同区域（本地、国内和国外）并被城市控制的碳排放。计算过程如下：

$$N_{rn\times rn}=L-L'=(I-A)^{-1}-(I-A')^{-1} \tag{3-9}$$

$$COF^{u}=\theta_{1\times rn}N_{rn\times rn}y^{u}_{rn\times 1} \tag{3-10}$$

$$COF^{d}=\theta_{1\times rn}N_{rn\times rn}y^{d}_{rn\times 1} \tag{3-11}$$

$$COF^{f}=\theta_{1\times rn}N_{rn\times rn}y^{f}_{rn\times 1} \tag{3-12}$$

$$COF^{total}=COF^{u}+COF^{d}+COF^{f}=\theta_{1\times rn}N_{rn\times rn}(y^{u}_{rn\times 1}+y^{d}_{rn\times 1}+y^{f}_{rn\times 1}) \tag{3-13}$$

式中，$N_{rn\times rn}$是由两个相反方向的系数矩阵计算得到的无量纲矩阵，表示部门$j$对部门$i$的主导关系，它被用来计算前者的控制碳排放。$A'=[a'_{ji}]$，$a'_{ji}=x_{ji}/x_i$，$COF^{u}$、$COF^{d}$和$COF^{f}$分别代表本地、国内和国外生产所控制的碳足迹。

### 3.4.2 城市分部门控制碳足迹演变

通过表3-3可以看到，在整个研究期间，控制碳足迹增加340%（即84兆吨）。其中，在1985—2000年控制碳足迹增长速度约为6.5%，但在2000年以后，控制碳足迹增速下降为4.5%。

北京地区各部门控制碳足迹在这一段时间内也经历了明显的变化。1985—2000年，金属冶炼及压延加工业与电力、热力和水的生产和供应业是产生控制碳足迹最多的2个部门；公共事务、居民服务和其他服务业产生的控制碳足迹量虽然少，增长幅度却是最高的（1600%）。2000—2012年产生控制碳足迹最多的部门是电力、热力和水的生产和供应业，增长速度最快的是木材加工及家具制造业（2600%）与煤炭、石油和天然气开采业（1222%）。有些部门如木材加工及家具制造业虽然增长率高，但是所产生的控制碳足迹对总碳足迹的贡献较低，这是导致控制碳足迹增长幅度下降的一个原因。

**表3-3　1985—2012年北京市24个经济部门控制碳足迹演变情况**

| 经济部门 | | 控制碳足迹（兆吨） | | | 增长率（%） | | |
|---|---|---|---|---|---|---|---|
| | | 1985年 | 2000年 | 2012年 | 1985年 | 2000年 | 2012年 |
| S1 | 农林牧渔业 | 0.46 | 0.69 | 1.79 | — | 50 | 159 |
| S2 | 煤炭、石油和天然气开采业 | 0.46 | 1.45 | 19.17 | — | 215 | 1222 |
| S3 | 金属矿采选业 | 0.00 | 1.64 | 0.67 | — | — | -59 |
| S4 | 非金属矿及其他矿采选业 | 0.04 | 0.22 | 0.94 | — | 450 | 327 |
| S5 | 食品制造及烟草加工业 | 0.03 | 0.10 | 0.24 | — | 233 | 140 |
| S6 | 纺织业、服装鞋帽皮革羽绒及其制品业 | 0.08 | 0.12 | 0.22 | — | 50 | 83 |
| S7 | 木材加工及家具制造业 | 0.32 | 0.01 | 0.27 | — | -97 | 2600 |
| S8 | 造纸印刷及文教体育用品制造业 | 0.13 | 0.24 | 1.78 | — | 85 | 642 |

续表 3-3

| 经济部门 | | 控制碳足迹（兆吨） | | | 增长率（%） | | |
|---|---|---|---|---|---|---|---|
| | | 1985年 | 2000年 | 2012年 | 1985年 | 2000年 | 2012年 |
| S9 | 石油加工、炼焦及核燃料加工业 | 0.83 | 3.49 | 2.50 | — | 320 | -28 |
| S10 | 化学工业以及医药制造业 | 2.57 | 3.75 | 3.91 | — | 46 | 4 |
| S11 | 非金属矿物制品业 | 3.07 | 4.60 | 8.43 | — | 50 | 83 |
| S12 | 金属冶炼及压延加工业 | 8.38 | 25.50 | 16.02 | — | 204 | -37 |
| S13 | 金属制品业 | 0.15 | 0.24 | 0.56 | — | 60 | 133 |
| S14 | 通用、专用设备制造业 | 0.16 | 0.11 | 0.08 | — | -31 | -27 |
| S15 | 交通运输设备制造业 | 0.03 | 0.16 | 0.00 | — | 433 | -100 |
| S16 | 电气机械及器材制造业 | 0.06 | 0.26 | 0.03 | — | 333 | -88 |
| S17 | 通信设备、计算机及其他电子设备制造业 | 0.02 | 0.27 | 0.17 | — | 1250 | -37 |
| S18 | 工艺品及其他制造业 | 0.02 | 0.18 | 0.67 | — | 800 | 272 |
| S19 | 电力、热力和水的生产和供应业 | 6.42 | 17.64 | 43.98 | — | 175 | 149 |

续表 3-3

| 经济部门 | | 控制碳足迹（兆吨） | | | 增长率（%） | | |
|---|---|---|---|---|---|---|---|
| | | 1985年 | 2000年 | 2012年 | 1985年 | 2000年 | 2012年 |
| S20 | 建筑业 | 0.00 | — | 0.01 | — | — | — |
| S21 | 交通运输、仓储业和信息传输 | 0.70 | 1.87 | 5.23 | — | 167 | 180 |
| S22 | 批发、零售业和住宿、餐饮业 | 0.25 | 0.47 | 0.47 | — | 88 | 0 |
| S23 | 金融、科研、水利和环境 | 0.18 | 0.18 | 0.89 | — | 0 | 394 |
| S24 | 公共事务、居民服务和其他服务业 | 0.01 | 0.17 | 0.00 | — | 1600 | -100 |
| 总计 | | 24 | 63 | 108 | — | 163 | 71 |

### 3.4.3 消费碳足迹和控制碳足迹的变化比较

为方便分析，将原有的24个经济部门进一步合并成7个整合部门，见表3-4。

**表3-4 北京市24个经济部门及合并后的7个整合部门（对应）**

| 部门编号 | 24个行业部门 | 7个整合部门 |
|---|---|---|
| S1 | 农林牧渔业 | 农业（S1） |
| S2 | 煤炭、石油和天然气开采业 | 矿业（S2—S4） |
| S3 | 金属矿采选业 | |
| S4 | 非金属矿及其他矿采选业 | |

续表 3-4

| 部门编号 | 24个行业部门 | 7个整合部门 |
|---|---|---|
| S5 | 食品制造及烟草加工业 | 制造业（S5—S18） |
| S6 | 纺织业、服装鞋帽皮革羽绒及其制品业 | |
| S7 | 木材加工及家具制造业 | |
| S8 | 造纸印刷及文教体育用品制造业 | |
| S9 | 石油加工、炼焦及核燃料加工业 | |
| S10 | 化学工业以及医药制造业 | |
| S11 | 非金属矿物制品业 | |
| S12 | 金属冶炼及压延加工业 | |
| S13 | 金属制品业 | |
| S14 | 通用、专用设备制造业 | |
| S15 | 交通运输设备制造业 | |
| S16 | 电气机械及器材制造业 | |
| S17 | 通信设备、计算机及其他电子设备制造业 | |
| S18 | 工艺品及其他制造业 | |
| S19 | 电力、热力和水的生产和供应业 | 电力、热力和水的生产和供应业（S19） |
| S20 | 建筑业 | 建筑业（S20） |
| S21 | 交通运输、仓储业和信息传输 | 交通（S21） |
| S22 | 批发、零售业和住宿、餐饮业 | 服务业（S22—S24） |
| S23 | 金融、科研、水利和环境 | |
| S24 | 公共事务、居民服务和其他服务业 | |

快速城市化使得北京市消费碳足迹和控制碳足迹在过去的30年迅速增加。在1985年及2000年，总的控制碳足迹约占总消费碳足迹的60%，2012年这一比例降低到47%（图3-3）。这显示了有些由

城市消费引起的增加的碳流量可能不会完全被城市所控制；相反，在城市以外的供应链上的其他地区可能会越来越多地主导碳代谢和碳排放量的增加。城市消费碳足迹平均每年增加约6.7%，增长速度比控制碳足迹快5.7%。1985—2000年，消费碳足迹和控制碳足迹增长速度相近，但在2000年以后，控制碳足迹增速下降，而消费碳足迹却以原速度持续增长。

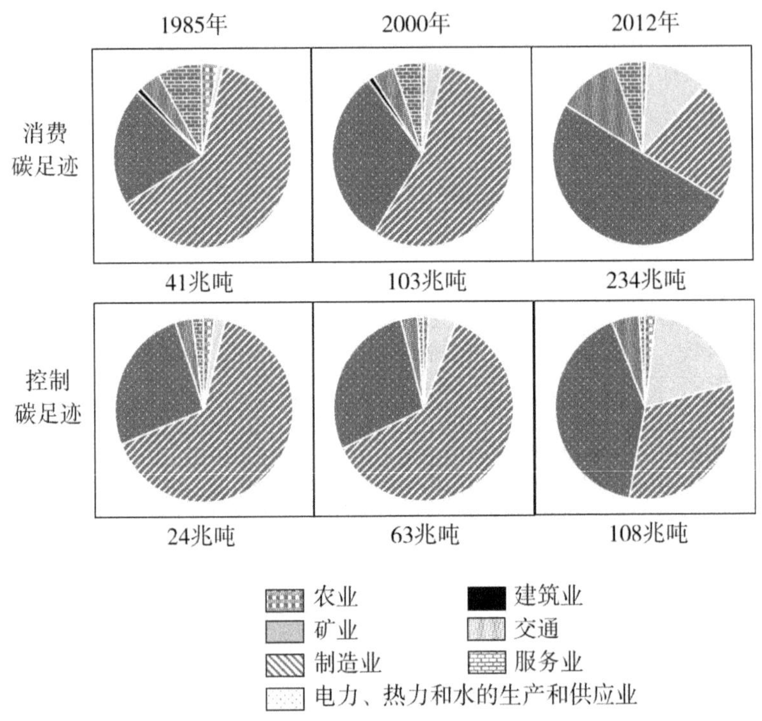


图3-3　1985—2012年北京市各行业对消费碳足迹和控制碳足迹的贡献演变

北京各部门对消费碳足迹和控制碳足迹的贡献在这一段时间内也经历了明显的变化。结合图3-3和表3-5可以看到，在整个研究期间，服务业和农业所产生的消费碳足迹和控制碳足迹所占比例较小且稳定，而交通，制造业以及电力、热力和水的生产和供应业所占比例变化较大。2012年，交通部门对消费碳足迹的贡献约是1985年的3倍，对控制碳足迹的贡献约是1985年的2倍。在消费碳足迹中，制造业产生的碳足迹所占的比例从1985年的63%下降到2012年的21%，控制碳足迹中制造业所占比例从65%下降到32%。相比之

下，电力、热力和水的生产和供应业碳足迹增长得很快。1985年，电力、热力和水的生产和供应业碳足迹在消费碳足迹和控制碳足迹中的贡献分别为21%和26%，但在2012年，随着能源需求的增长，这一行业碳足迹贡献度占了最大的比例（消费碳足迹占比为50%，控制碳足迹占比为41%）。

表3–5 1985—2012年北京市7个整合部门消费碳足迹和控制碳足迹的演变

| 合并后7个部门 | 贡献度（%） | | | | | |
|---|---|---|---|---|---|---|
| | 消费碳足迹 | | | 控制碳足迹 | | |
| | 1985年 | 2000年 | 2012年 | 1985年 | 2000年 | 2012年 |
| 农业 | 3 | 1 | 1 | 2 | 1 | 2 |
| 矿业 | 1 | 3 | 11 | 2 | 5 | 19 |
| 制造业 | 63 | 55 | 21 | 65 | 62 | 32 |
| 电力、热力和水的生产和供应业 | 21 | 31 | 50 | 26 | 28 | 41 |
| 建筑业 | 1 | 1 | 0 | 0 | 0 | 0 |
| 交通 | 4 | 4 | 11 | 3 | 3 | 5 |
| 服务业 | 8 | 5 | 5 | 2 | 1 | 1 |
| 总计 | 100 | 100 | 100 | 100 | 100 | 100 |

## 3.5 城市碳足迹的来源和驱动因素

### 3.5.1 碳足迹结构分解分析

目前已有大量研究结合结构分解分析与投入产出模型来量化社会经济因素对碳足迹随时间变化的贡献（Liu et al.，2015a；Hu et al.，2016；Patten，1978；Astrom，2012）。结构分解分析的核心是把经济系统中的一个因素作为目标变量，并把目标变量的变化分解成几个独立变量，以测量它们对目标变量的贡献（Zhang et al.，2011；Peters et al.，2007；Guan et al.，2008；Guan et al.，2009；Liang et al.，2013；Hoekstra et al.，2002）。基于这一思路，本章中，消费碳足迹和控制碳足迹可以被分解成以下形式：

$$CBF=CBF^u+CBF^d+CBF^f$$
$$=\theta_1L_1y_{\_s1}y_{\_v1}p_1+\theta_2L_2y_{\_s2}y_{\_v2}p_2+\theta_3L_3y_{\_s3}y_{\_v3}p_3 \tag{3-14}$$
$$COF=COF^u+COF^d+COF^f$$
$$=\theta_1N_1y_{\_s1}y_{\_v1}p_1+\theta_2N_2y_{\_s2}y_{\_v2}p_2+\theta_3N_3y_{\_s3}y_{\_v3}p_3 \tag{3-15}$$

式中，$\theta_i$、$y_{\_si}$、$y_{\_vi}$、$p_i$分别表示在本地、国内和国外经济中的碳排放强度、消费结构、人均消费量和人口数。$L_i$和$N_i$分别代表经济生产结构和网络控制结构；$i$=1，2，3分别表示本地、国内和国外生产，这5个社会经济因素对消费碳足迹和控制碳足迹变化的贡献在等式（3-16）与（3-17）中能体现出来。这些因素的贡献可以被进一步分解为城市消费、农村消费和固定资产形成三类最终需求。

$$\Delta CBF=\Delta\theta Ly_{\_s}y_{\_v}p+\theta\Delta Ly_{\_s}y_{\_v}p+\theta L\Delta y_{\_s}y_{\_v}p+$$
$$\theta Ly_{\_s}\Delta y_{\_v}P+\theta Ly_{\_s}y_{\_v}\Delta p \tag{3-16}$$
$$\Delta COF=\Delta\theta Ny_{\_s}y_{\_v}p+\theta\Delta Ny_{\_s}y_{\_v}p+\theta N\Delta y_{\_s}y_{\_v}p+$$
$$\theta Ny_{\_s}\Delta y_{\_v}p+\theta Ny_{\_s}y_{\_v}\Delta p \tag{3-17}$$

### 3.5.2 本地、国内和国外生产引起的消费碳足迹

通过表3-6可以发现，尽管1985—2012年北京市总的消费碳足迹持续增长，但是由城市区域内本地生产所产生的碳排放在后期却经历过降低的过程。2000—2012年，与本地生产相关的消费碳足迹与上一时间段相比减少了约15%，与此同时，来源于国内和国外调入的消费碳足迹在2000—2012年却大幅增加700%。由此可知，在2000—2012年，总的消费碳足迹增长基本都是由国内和国外市场的购买力所驱动的。2012年，北京市来源于本地、国内和国外调入产生的消费碳足迹的比例约为6：10：3，由此得出，北京消费所驱动的大量二氧化碳排放可以追溯至中国的其他地区和国外进口。和多数大城市一样，北京对其他地区的依赖程度越来越高，通过供应链的外包，大量的碳排放被转移至外地。

图3-4显示出1985年、2000年、2012年北京来源于本地、国内调入和国外调入的消费碳足迹的变化，同时也能体现三种最终需求（城市消费、农村消费和固定资产形成）对消费碳足迹的贡献。对于与本地生产相关的消费碳足迹而言，在所研究的三种最终需求

中，固定资产形成所占比例最大。1985年由固定资产形成所产生的碳足迹约占最终需求所产生碳足迹总量的62%，2012年这一比例减少到50%左右。在国内外市场中，由城市居民消费所产生的碳足迹越来越多，在研究期间对消费碳足迹的贡献也出现了明显的增加。1985年，城市居民消费对消费碳足迹的贡献率仅为28%～38%，2012年这一比例增至60%～67%。

表3-6　1985—2012年不同需求类型所驱动的北京市消费碳足迹

| | | 城市消费碳足迹（兆吨） | 农村消费碳足迹（兆吨） | 固定资产形成碳足迹（兆吨） | 总计（兆吨） |
|---|---|---|---|---|---|
| 1985年 | 本地 | 11.0 | 2.2 | 21.8 | 35.0 |
| | 国内 | 2.0 | 0.8 | 2.6 | 5.3 |
| | 国外 | 0.1 | 0.0 | 0.2 | 0.3 |
| 2000年 | 本地 | 29.8 | 4.0 | 49.5 | 83.3 |
| | 国内 | 8.1 | 1.4 | 6.3 | 15.8 |
| | 国外 | 1.5 | 0.1 | 1.8 | 3.5 |
| 2012年 | 本地 | 31.5 | 1.2 | 37.9 | 70.6 |
| | 国内 | 85.1 | 6.5 | 35.2 | 126.8 |
| | 国外 | 21.7 | 1.7 | 13.5 | 36.9 |

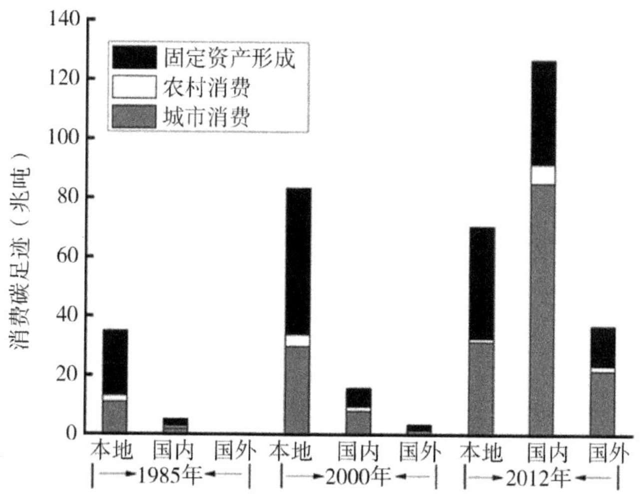


图3-4　1985—2012年本地、国内和国外生产引起的北京市消费碳足迹演变

### 3.5.3 本地、国内和国外生产引起的控制碳足迹

不同需求类型所驱动的北京市控制碳足迹如表3–7所示。控制碳足迹总体变化趋势与消费碳足迹相同，在整个研究期间持续增长。但2000—2012年本地生产所控制的碳足迹却降低了22%，同时，国内和国外调入所产生的控制碳足迹增加幅度（960%）超过了同一时间段的消费碳足迹的增加幅度。2012年，北京来源于本地、国内和国外的控制碳足迹的比例约为9∶10∶4，与不同来源的消费碳足迹比例存在差异。图3–5更为清楚地显示出不同最终需求对控制碳足迹的贡献。在控制碳足迹中，固定资产形成导致的碳足迹占据很大比例。1985年和2012年固定资产形成导致的碳足迹占总控制碳足迹的比例分别为72%和66%。

**表3–7 1985—2012年不同需求类型所驱动的北京市控制碳足迹**

| | | 城市消费碳足迹（兆吨） | 农村消费碳足迹（兆吨） | 固定资产形成碳足迹（兆吨） | 总计（兆吨） |
|---|---|---|---|---|---|
| 1985年 | 本地 | 5.3 | 1.0 | 16.0 | 22.2 |
| | 国内 | 0.8 | 0.3 | 0.8 | 1.9 |
| | 国外 | 0.1 | 0.0 | 0.1 | 0.2 |
| 2000年 | 本地 | 12.8 | 1.6 | 40.5 | 54.8 |
| | 国内 | 2.8 | 0.5 | 3.9 | 7.1 |
| | 国外 | 0.6 | 0.0 | 0.8 | 1.5 |
| 2012年 | 本地 | 14.2 | 0.3 | 28.2 | 42.7 |
| | 国内 | 31.8 | 2.2 | 12.5 | 46.5 |
| | 国外 | 12.6 | 0.5 | 5.7 | 18.8 |

一方面，对消费碳足迹和控制碳足迹而言，固定资产形成对碳足迹的重要作用在之前的研究中也有所发现。与前人的研究结果相比，本研究发现，在长期的城市化进程中，固定资产形成对北京

的碳足迹有非常重要的影响，其不仅来源于当地生产，而且越来越多地来自外部市场。1985—2012年，北京仍处于大规模建设阶段，仍在不断进行拆迁重建和城市扩张，这些都需要使用很多碳密集型产品，从而导致大量的碳足迹产生——尤其是来自城市和郊区的碳足迹。

另一方面，很多产品通过进口涌入城市家庭中，导致城市的碳足迹大量增加。近年来，由于城市高速发展，居民对美好生活的追求不断提高，北京城市消费所引起的碳足迹的增加很大一部分来源于进口产品的消耗。本地、国内和国外的经济在由各种最终需求引发的碳足迹中发挥着不同的作用，从基于消费或控制的角度来看，关注固定资产形成和城市居民消费对碳足迹的影响同样重要。

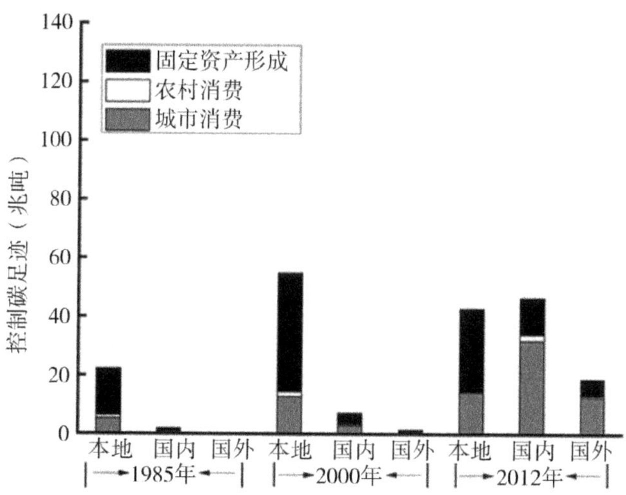


图3-5　1985—2012年本地、国内和国外生产引起的北京市控制碳足迹演变

### 3.5.4　消费碳足迹的驱动因素

本章在计算消费碳足迹和控制碳足迹的基础上，进一步量化不同社会经济因素（人口、人均消费量、经济生产结构和消费结构）对总消费碳足迹以及本地生产、国内调入和国外调入分别产生的消费碳足迹的贡献，同时也揭示了研究期间北京市消费碳足迹演变的主要原因。

图3-6展现了不同社会经济因素对北京市消费碳足迹总量的贡献。在整个研究期间，碳排放效率的提高与日益增加的人口和人均消费量之间存在很强的竞争关系，前者是北京市碳减排的主动力。1985—2000年，碳排放强度和人均消费量对消费碳足迹有大小相近但作用相反的影响（分别是-292%和314%）。而2000—2012年，碳排放强度的贡献（-453%）比人均消费量（255%）要高，但由于经济生产结构和人口的积极作用（贡献度分别为219%和95%），消费碳足迹总量持续增长，这意味着虽然碳排放强度对消费碳足迹的贡献会被人均消费量增加带来的碳足迹所抵消，但提高碳效率仍然是减少消费碳足迹的最重要的途径。相比来说，在1985—2000年，消费结构对消费碳足迹总量的贡献为1%，在2000年之后贡献值转变为-16%，对消费碳足迹的影响较小。从基于消费的观点来看，人均消费量是碳排放随时间增加的最强驱动力。

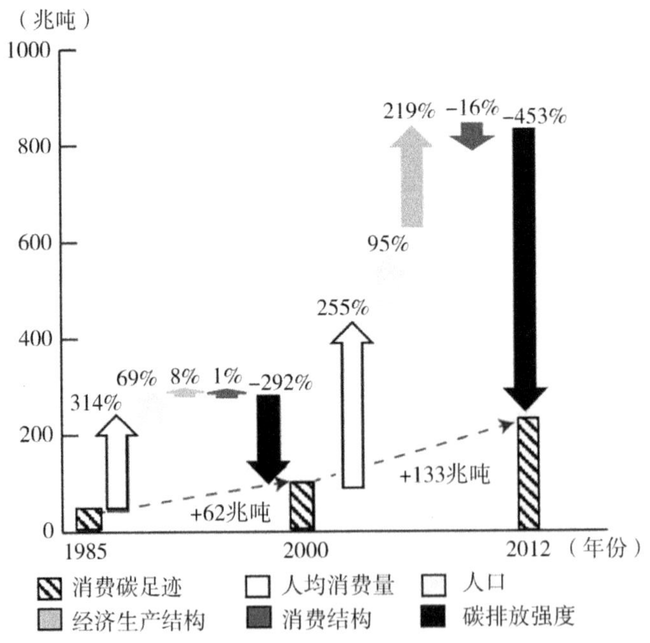


图3-6　1985—2012年各社会经济因素对北京市消费碳足迹总量的贡献

图3-7展现了不同社会经济因素对北京市本地生产所产生的消费碳足迹的贡献。对于本地生产所产生的消费碳足迹而言，人均消

费量同样是驱动其增加的最主要因素。在1985—2000年消费结构对本地生产产生的消费碳足迹的影响几乎可以忽略（-1%）。但2000年后，消费结构的贡献大幅增加（-110%）。2000年之前，碳排放强度所产生的负向影响仍然小于人均消费量和人口对碳足迹的促进作用，导致这段时间内本地生产产生的消费碳足迹持续增加。2000年之后，由碳排放强度优化所带来的碳减排超过了由人口和人均消费量增长所导致的碳排放，使得这期间与本地生产相关的消费碳足迹降低。产生这种现象的原因是，随着城市的发展，北京对外开放程度越来越高，居民生活需求也在提高，北京市形成以服务业为主的产业结构，北京城市部门的技术创新和非工业化（例如高碳排放企业的淘汰）所导致的直接碳排放量降低，工业生产活动对消费碳足迹的影响随之减少。因此，从全产业链的角度上来看，控制碳排放强度和人均消费量是降低北京市本地生产相关消费碳足迹的有效方法。

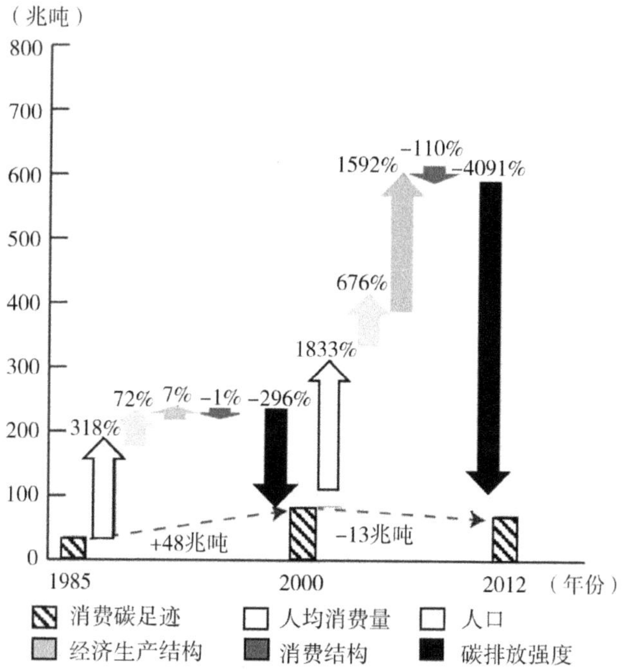


图3-7　1985—2012年各社会经济因素对本地生产相关的北京市消费碳足迹的贡献

图3-8和图3-9分别体现的是不同社会经济因素对由国内调入、国外调入产生的消费碳足迹的贡献。与消费碳足迹总量的总体变化情况相似，在研究时段内，虽然碳排放效率的增加能大幅降低碳排放量，但还是小于其他因素对碳排放的促进作用。2000—2012年，在国内其他区域生产所产生的消费碳足迹中，人均消费量和人口的增长对消费碳足迹的贡献分别为73%和28%，是引起国内其他区域生产所产生的消费碳足迹增加的主要原因，同时这两种因素的正向作用也导致了国外生产产生的消费碳足迹的增加（贡献度分别为63%、24%）。本研究发现碳排放强度对这两类来源的消费碳足迹的贡献比本地生产来源的消费碳足迹要小很多。对进口产品消费日益增多，而北京市以外的城市或地区并不能直接限制北京居民的消费模式，来源于国内和国外供应链的碳排放可通过生产技术的提高来减少。

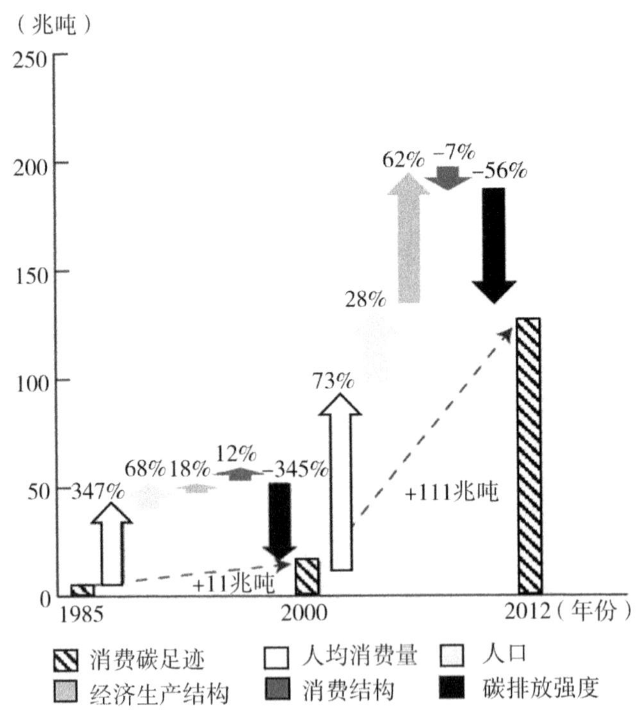


图3-8　1985—2012年各社会经济因素对国内其他区域生产相关的北京市消费碳足迹的贡献

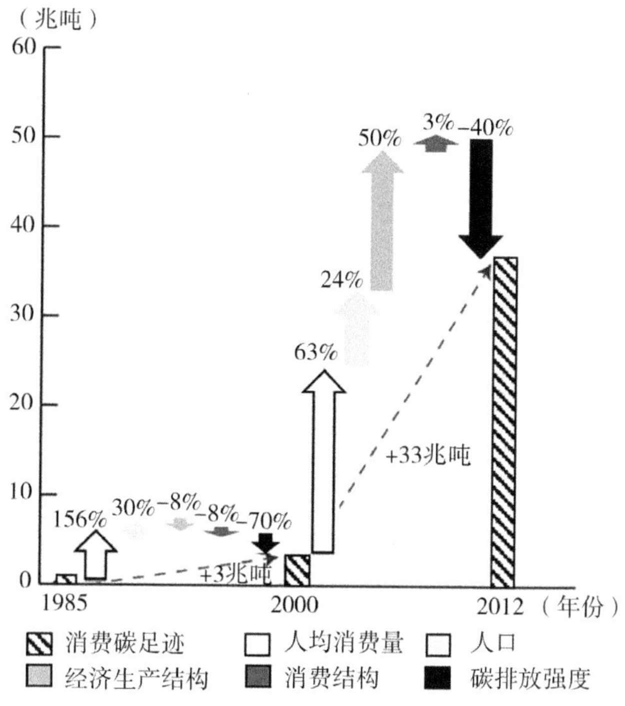


图3-9 1985—2012年各社会经济因素对国外生产相关的北京市消费碳足迹变化的贡献

## 3.5.5 控制碳足迹的驱动因素

本章还分析了所研究的不同社会经济因素对北京控制碳足迹的影响（总控制碳足迹以及再分解的本地生产、国内调入和国外调入所产生的各部分控制碳足迹）。图3-10表现的是不同社会经济因素对北京市控制碳足迹总量的贡献。对于控制碳足迹总量而言，1985—2000年，碳排放强度（-247%）和控制结构（-13%）所减少的控制碳足迹能被人均消费量和人口所增加的控制碳足迹（分别为289%和62%）所抵消，导致1985—2000年控制碳足迹增长39兆吨。2000—2012年，由于人口（175%）和人均消费量（472%）的持续增长以及控制结构的反弹（458%），碳排放强度（-979%）和消费结构（-26%）的变化同样被抵消，不能抑制控制碳足迹的增加。

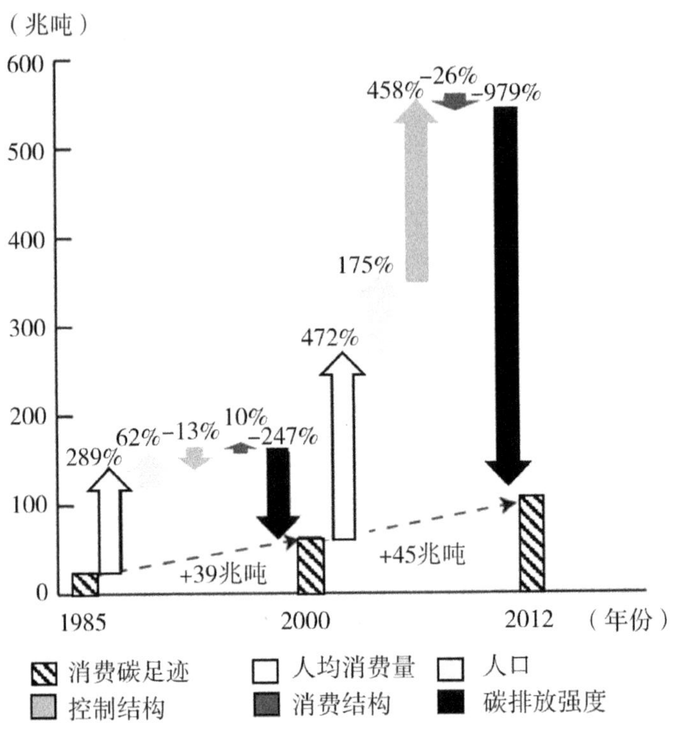


图3-10　1985—2012年社会经济因素对北京市控制碳足迹总量的贡献

对于本地生产相关的控制碳足迹而言（图3-11），1985—2000年的变化情况与控制碳足迹总量相似，由碳排放强度（-249%）和控制结构（-12%）变化所降低的碳足迹小于人口（64%）和人均消费量（293%）变化所增加的碳足迹，造成该期间本地生产相关的控制碳足迹的增加。2000—2012年，碳排放强度的降低能使控制碳足迹减少396兆吨（-3373%），超过了人均消费量（1407%）和人口（515%）的正向贡献，从而抑制了控制碳足迹的增加，使之整体实现了12兆吨的削减。

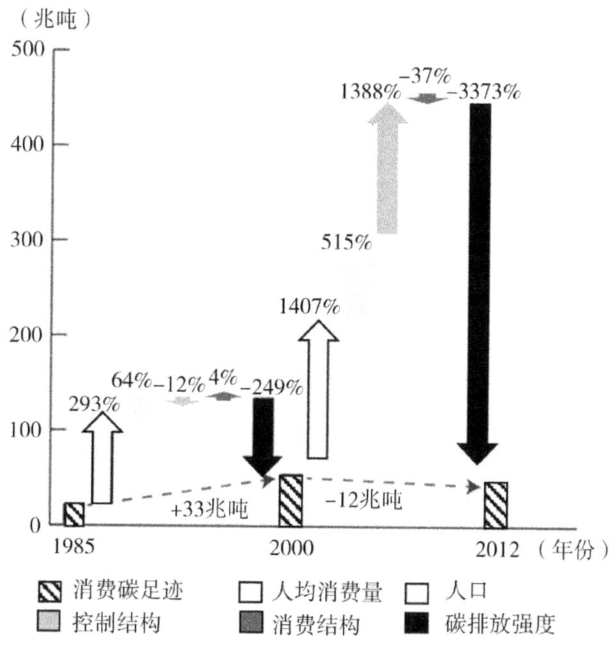


图3-11　1985—2012年不同社会经济因素对北京市本地生产相关的控制碳足迹的贡献

图3-12和图3-13体现的是不同社会经济因素对国内和国外生产所控制碳足迹变化的影响。1985—2000年，由国内生产产生的控制碳足迹在碳排放强度（-275%）以及人口（55%）、人均消费量（281%）的共同作用下增长了5兆吨。在国外调入产生的控制碳足迹中，虽然人均消费量的贡献（209%）远大于碳排放强度的贡献（-92%），但同时被控制结构的负向作用（-66%）抵消了很大一部分，因此控制碳足迹的增长较为缓慢。2000—2012年，在国内生产所产生的控制碳足迹中，尽管碳排放强度对控制碳足迹产生的是负面影响（-60%），但人均消费量（78%）和人口（30%）所产生的正面影响却能将其抵消，使最后的结果增加39兆吨。同时，国外调入产生的控制碳足迹在碳排放强度（-40%）以及人均消费量（62%）、人口（24%）和控制结构（57%）的共同作用下增长了17兆吨。一般情况下，城市自身无法对国内其他地区和国外的生产进行直接干预，只能通过经济手段进行调控，例如通过对碳密集型产品征收碳税、提高商品价格来优化消费结构，从而提高生产效率，降低碳排放强度。

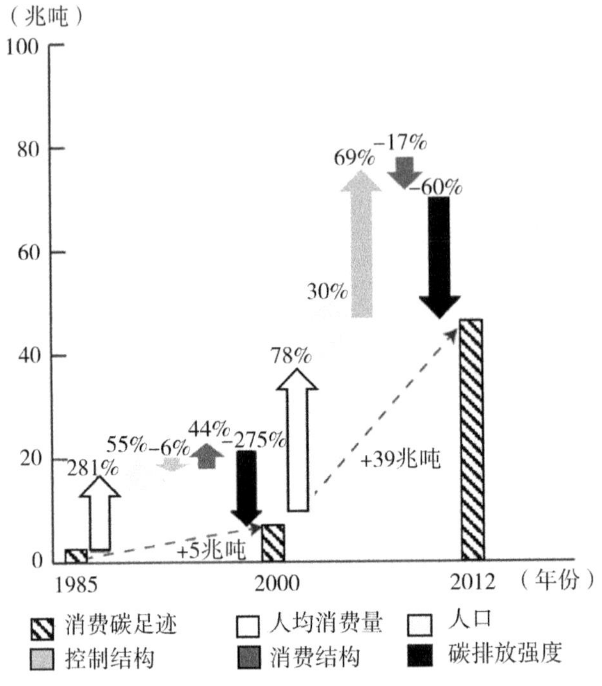


图3-12　1985—2012年不同社会经济因素对国内生产所控制的北京市碳足迹的贡献

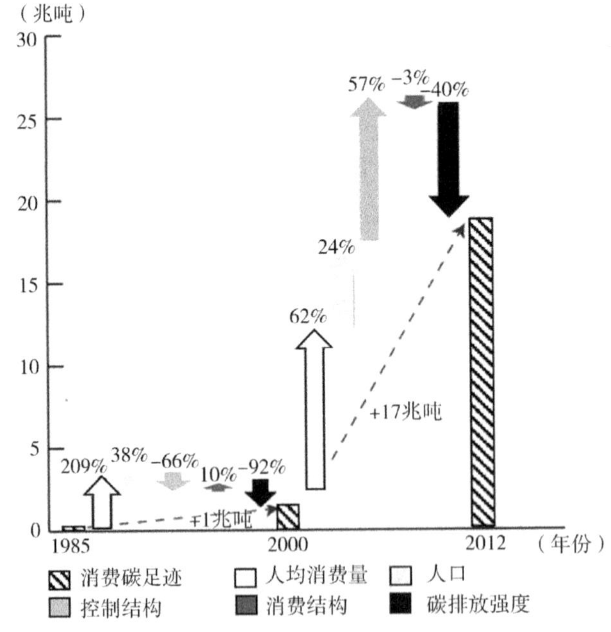


图3-13　1985—2012年不同社会经济因素对国外生产所控制的北京市碳足迹的贡献

控制碳足迹与最终消费导致的碳足迹不同，它们的影响指标之间存在一些显著差异：①在某些情况下，社会经济因素的影响对这二者可能是不同的。例如，1985—2000年生产结构的变化使消费碳足迹增加了8%。但从控制的角度看，却使控制碳足迹减少了13%。而控制结构的变化总是导致碳足迹的增加。②消费结构对控制碳足迹的影响比对消费碳足迹的要大。控制碳足迹对城市消费行为模式的变化非常敏感。这意味着人们可以通过使用更多的低碳产品使城市碳足迹显著下降。③从消费端分析，1985—2000年消费结构对国外调入的消费碳足迹的贡献从-8%转向3%；然而从控制的角度来看，消费结构所占比例从10%到-3%的变化表明，消费结构的变化实际上已经朝着低碳的方向发展。

图3-14显示了不同最终需求种类在1985—2000年对影响消费碳足迹的各种社会经济因素的贡献。在这种情况下，无论是在总的消费碳足迹还是三种不同来源的消费碳足迹中，城市消费和固定资产形成对不同的社会经济驱动因素的贡献都占据很大的部分，而农村消费的贡献最小。在总的消费碳足迹以及来自本地生产的消费碳足迹中，三类最终需求对消费结构之外的其他社会经济因素的贡献都相对较小。

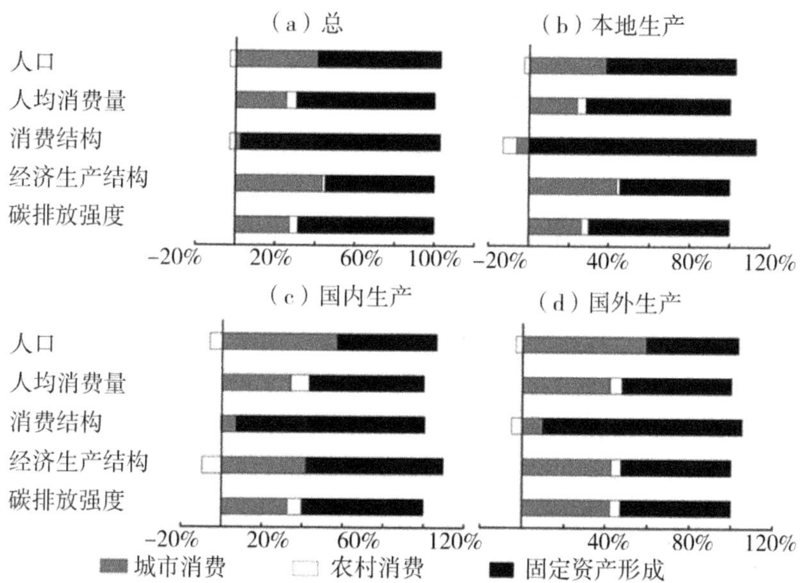


图3-14　1985—2000年北京市消费碳足迹变化驱动因素的贡献（区分来源）

图3-15显示了不同最终需求种类在2000—2012年对影响消费碳足迹的各种社会经济因素的贡献。在这一时间段内，城市消费和固定资产形成对于不同生产来源和不同的社会经济驱动力而言，仍然是拉动消费碳足迹增长最重要的需求类别。城市消费和固定资产形成这二者所占比例对消费碳足迹各驱动因素的贡献率趋于稳定。例如，城市消费在2000—2012年对消费结构所引起的消费碳足迹的影响比2000年之前要大。相比之下，固定资产形成在1985—2000年对消费结构所引起的消费碳足迹的影响比2000年之后的要大。同时，由于北京城市企业、政府或家庭固定资产的增加，人均消费量和人口驱动下的固定资产形成对消费碳足迹的影响越来越大。同等情况下，来源于国内和国外生产的城镇消费和来源于本地生产的城镇消费相比可能会引起更高的碳足迹。这和本研究在对消费碳足迹总量中的发现是一致的。

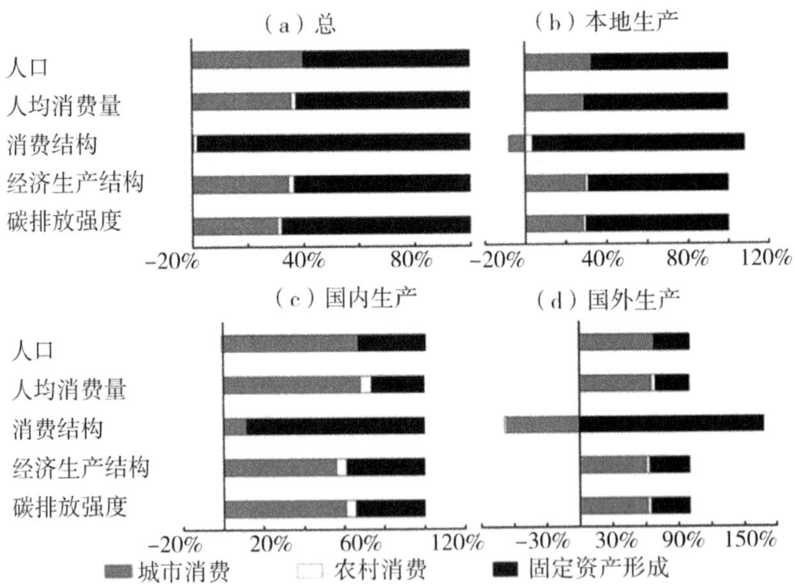


图3-15　2000—2012年北京市消费碳足迹变化驱动因素的贡献（区分来源）

由于农村消费对影响碳足迹的社会经济因素的贡献不同，本研究将农村消费单独分析。通过表3-8可以看到，2000年以后，农村消费在各种影响因素中所占比例基本都低于2000年之前的水平，这

意味着近年来农村活动的碳排放水平在不断下降。1985—2000年，农村消费在各种影响因素中所占比例基本平均约为55%，2000—2012年，这一数值下降至2%。2000年之前，农村消费在本地消费碳足迹的各类影响因素中占比最高，尤其对消费结构有很大的影响。2000年之后，相对于国外来源的消费碳足迹，农村地区的消费结构是其碳足迹最大的驱动因素。

**表3-8 农村消费在北京市碳足迹驱动因素中的贡献比例**

| 年份 | 不同生产来源 | 碳排放强度（%） | 经济生产结构（%） | 消费结构（%） | 人均消费量（%） | 人口（%） |
|---|---|---|---|---|---|---|
| 1985—2000 | 总 | 6 | 18 | 137 | 7 | –5 |
| | 本地 | 6 | 21 | –235 | 7 | –4 |
| | 国内 | 9 | 13 | 42 | 10 | –7 |
| | 国外 | 5 | 2 | 7 | 6 | –4 |
| 2000—2012 | 总 | 2 | 3 | 0 | 3 | –1 |
| | 本地 | 2 | 2 | 1 | 1 | 0 |
| | 国内 | 6 | 6 | 2 | 6 | –1 |
| | 国外 | 4 | 5 | 30 | 5 | –1 |

图3–16和图3–17体现了1985—2000年及2000—2012年不同最终需求类型下对影响控制碳足迹的各类社会经济因素的贡献。不同于消费碳足迹，消费结构主要驱动的是固定资产形成控制的总的碳足迹，这解释了超过90%的控制碳足迹变化。这不仅适用于本地生产所产生的控制碳足迹，也适用于国内和国外调入的控制碳足迹。另外，对于控制碳足迹而言，在人口和人均消费中，固定资产形成所占比例也占主导地位，对控制碳足迹的影响是城市消费的1.5～2倍甚至更多。这反映了城市居民的日常消费对控制碳足迹起着更为重要的作用。对于一个处于高速城市化的城市，

固定资产的积累速度可能比每天家庭消费的增加都快，从而影响城市碳减排的有效性。

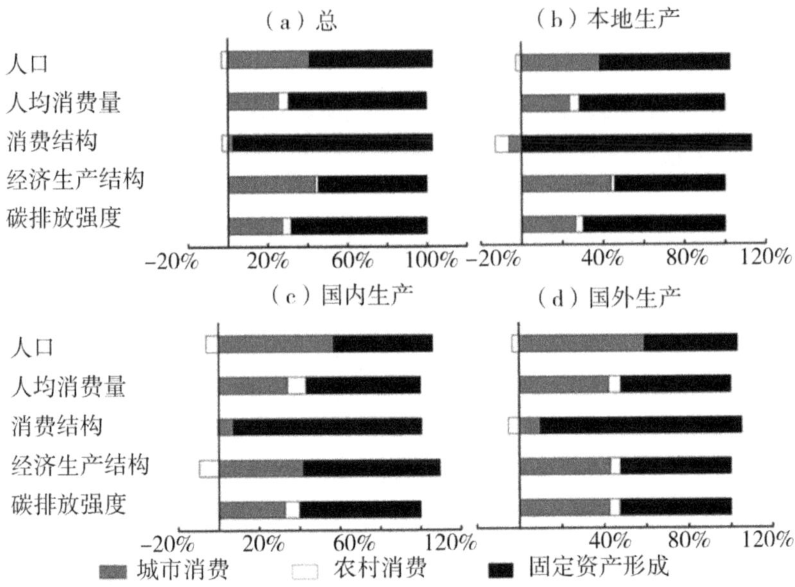


图3-16　1985—2000年不同最终需求类型下北京市控制碳足迹变化驱动因素贡献

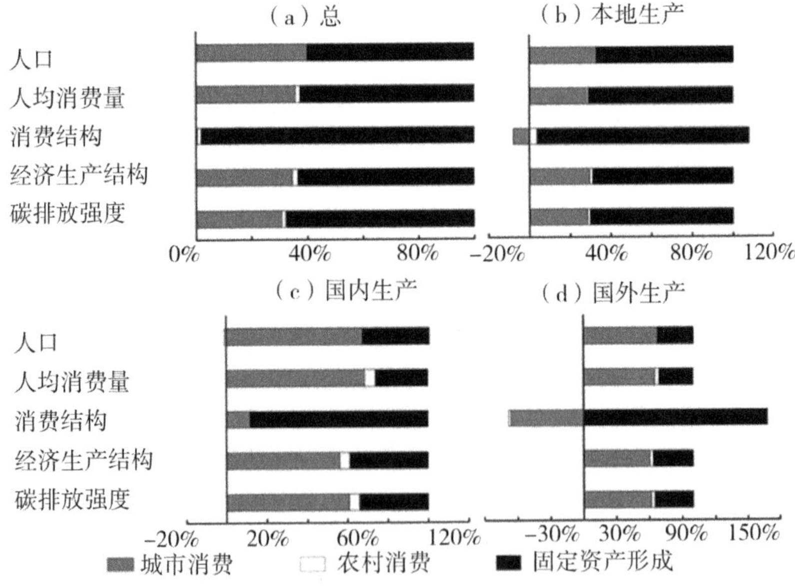


图3-17　2000—2012年不同最终需求类型下北京市控制碳足迹变化驱动因素贡献

通过对比可以发现，在跨区域基础上计算消费碳足迹和控制碳足迹能了解优化由城市消费控制的整个供应链的重要性，而不仅仅是关注直接产生于城市内部的碳排放。除此之外，消费碳足迹和控制碳足迹还能提供更丰富的城市碳账户信息，以指导未来城市消费模式的选择和投资行为的走向，支撑城市和各行业的低碳协同发展。

## 3.6 本章小结

碳足迹涉及经济社会的方方面面，碳足迹的核算分析及相应的应对气候变化政策的制定一直是研究的热点。本章在以往研究的基础上，对城市碳足迹（包括消费碳足迹和控制碳足迹）进行了深层次的分解。除消费碳足迹之外，本章还引入控制碳足迹这一概念，通过结合多区域投入产出分析、网络控制分析和结构分解分析建立了一个系统和部门层面的研究方法，以期加深对城市经济低碳化潜力的理解，克服城市区域内碳管理的局限性。具体来说，为了合理分析城市对碳排放的影响，以北京市为例，对城市消费的碳足迹和控制碳足迹进行了计算，并把碳足迹的变化分为三个来源（本地、国内和国外），研究1985—2012年不同社会经济因素对碳足迹变化的影响。

主要结论如下：

（1）1985—2012年消费碳足迹的年均增速约为6.5%；而控制碳足迹在1985—2000年年均增速约为6.5%，在2000年以后，其增速下降到年均同比增长4.5%。

（2）1985—2000年，城市所产生的消费碳足迹总量中超过一半被城市内部经济所控制，而在2000年后，由于生产供应链的外包，与本地生产相关的消费碳足迹和控制碳足迹都有了一定程度的降低，而国内和国外调入产生的碳足迹则大幅度增加。

（3）对影响城市碳足迹的社会经济因素分析发现，碳排放强度和城市消费之间存在激烈的竞争，且共同决定着城市碳足迹的变化趋势，而经济生产结构的转变对城市碳足迹同样能产生重要影响。

（4）与基于消费端的方法相比，基于控制端的方法不仅能清楚地跟踪碳排放如何泄漏到其他区域，还可用于揭示影响城市实际可调控碳排放的主要社会经济因素，因此，追溯来源的碳足迹研究可为城市低碳转型发挥重要作用。

# 第 4 章

# 城市群分行业碳足迹分布及来源

**本章概要**

本章以粤港澳大湾区城市群为案例，基于环境拓展的多区域投入产出分析法核算粤港澳大湾区内“9+2”城市的消费端碳足迹，分析碳排放的主要驱动行业，通过产业链关联追踪排放来源地，并从国家、省及地区等尺度梳理和总结粤港澳大湾区当前主要的减污降碳规划及思路。

上一章通过构建跨区域的追踪方法分析了城市碳足迹的主要变化趋势、来源地区及驱动因素。在快速工业化、城市化及区域间联防联控的背景下，以城市群为单元的区域资源协同管理需求正在不断增加，城市群碳排放研究也越发引起重视。粤港澳大湾区过去十年的绿色低碳发展取得了有目共睹的成就，包括能源供给侧改革、产业结构优化、低碳试点和碳交易市场建设等方面的进展对全国都有借鉴意义。本章以我国开放程度最高、经济活力最高的区域之一——粤港澳大湾区城市群为研究对象，通过构建嵌套式的多区域投入产出模型，从全球视野的角度评估粤港澳大湾区消费端碳足迹，追踪其主要来源行业与地区，并梳理分析粤港澳大湾区在各个层面的气候变化应对政策对于碳减排的支撑作用。

## 4.1 城市群分行业消费端碳足迹背景与研究现状

当前，关于全球城市群的低碳发展模式与政策受到学者的广泛关注，全球城市群的碳中和问题是当下研究的热点。三大国际湾区从碳达峰到2050年前后实现碳中和，所预留的时间约为40年。不同城市群减排侧重点不同。比如，在旧金山湾区的加州，食品与交通行业为其消费端碳足迹的主要来源，因此，有学者认为低碳饮食与构建低碳甚至零碳交通运输体系非常关键（Jones et al.，2018）。对于东京湾区而言，降碳的重点是发展绿色建筑业与电力能源转型等（Sovacool & Brown，2010；Long et al.，2020）。对此，我国城市群需要根据自身发展情况探索差异化的分行业碳减排路径。

粤港澳大湾区在能源和产业清洁化程度上与国际三大湾区相比还存在一定差距（郑敏嘉等，2020），但其本身有较强的地理优势，其背后的腹地（泛珠三角地区）拥有巨大的供应清洁能源的潜力（Chen et al.，2019；Lin & Li，2020；Zhou et al.，2018）。当前粤港澳大湾区还处于经济社会快速发展、产业规模和城市人口不断增长的阶段，过于冒进和激进的降碳措施不仅会增加经济社会运行的风险和成本，也可能导致“打地鼠”式的排放环节反复和反弹。因此，准确全面落实碳达峰、碳中和工作，须在各领域制定好可量化、可执行、可持续的目标和任务。消费端是一个综合性的经济视角，同时考虑了消费支出和生产技术的变化对于各行业碳减排的影响（Chen et al.，2020b；Dou et al.，2021；Peters，2008）。本章采用的多区域投入产出模型的核算方法可从全球的视野来评估当前粤港澳大湾区各城市消费端碳足迹的主要特征和来源，并在现有发展规划的基础上提出减排重点策略，为粤港澳大湾区完整准确全面实现“双碳”目标提供科学支撑。

## 4.2 城市群消费端碳足迹核算方法与数据

本章通过构建嵌套式的多区域投入产出模型，核算2020年粤港澳大湾区城市群整体的和各城市（珠江三角洲九市和香港、澳门）的消费端碳足迹，量化城市碳足迹主要来源地及各行业的贡献值。

### 4.2.1 区域间投入产出分析法

投入产出分析作为一种宏观数量经济学分析工具，最早由美国经济学家列昂惕夫创立（Leontief，1936）。投入产出模型将整个经济体系分为相互联系的不同行业，并研究各行业投入与产出间相互依存的数量关系。后期发展起来的环境投入产出模型则是考虑资源—经济—环境物质流的关系，将各行业的原始资源消费、直接污染物排放等纳入经济投入，可用于计算经济发展和消费变化驱动的隐含碳排放及其他环境负荷（梁赛等，2016；张琦峰等，2018）。本章将我国省级的多区域投入产出模型嵌套到全球国家尺度的多区域投入产出模型中，以实现粤港澳大湾区的消费端碳足迹的核算。

### 4.2.2 城市群消费端碳足迹核算

首先，将中国多区域投入产出表嵌套到全球多区域投入产出

表中（Mi et al.，2017），并以粤港澳大湾区11个城市（珠江三角洲九市和香港、澳门）作为核算对象。中国多区域投入产出模型覆盖了30个省（区、市）（西藏、台湾无数据）和900个经济社会行业，而全球多区域投入产出表来源于Eora数据库，涵盖了189个国家、地区和4915个行业的贸易流数据（Lenzen et al.，2012a；Lenzen et al.，2013）。将粤港澳大湾区各城市2020年的最终消费水平与新的投入产出模型进行匹配，最后核算城市尺度的消费端碳足迹。

在利用嵌套式多区域投入产出模型来进行消费端碳足迹核算过程中，本章首先核算了粤港澳大湾区各经济行业的碳排放强度，如公式（4-1）所示：

$$e_{co_2i}{}^{r}=\frac{d_{co_2i}{}^{r}}{X_i^r} \tag{4-1}$$

式中，$e_{co_2i}{}^{r}$表示区域$r$与行业$i$的碳排放强度；$d_{co_2i}{}^{r}$表示区域$r$与行业$i$的直接碳排放；$X_i^r$表示区域$r$与行业$i$的总产出。另外，

$$X=(I-A)^{-1}\times Y \tag{4-2}$$

$$X=\begin{bmatrix} X_1 \\ X_2 \\ \vdots \\ X_{n-1} \\ X_n \end{bmatrix},\ A=\begin{bmatrix} a_{11} & a_{12}\cdots a_{1n} \\ a_{21} & a_{22} \quad a_{2n} \\ \vdots & \vdots \\ a_{n1} & a_{n2}\cdots a_{nn} \end{bmatrix};\ Y=\begin{bmatrix} y_{11} & y_{12}\cdots y_{1m} \\ y_{21} & y_{22}\cdots y_{2m} \\ \vdots & \vdots \quad \vdots \\ y_{n1} & y_{n2}\cdots y_{nm} \end{bmatrix}\cdots \tag{4-3}$$

$$A=Z\times(diag)^{-1} \tag{4-4}$$

$$Z=\begin{bmatrix} z_{11} & z_{12}\cdots z_{1n} \\ z_{21} & z_{22}\cdots z_{2n} \\ \vdots & \vdots \quad \vdots \\ z_{n1} & z_{n2}\cdots z_{nn} \end{bmatrix} \tag{4-5}$$

式中，$X$、$Y$、$I$分别表示各行业总产出矩阵、城市最终消费矩阵及单位矩阵；$(I-A)^{-1}$表示列昂惕夫逆阵；$A=(a_{ij})$表示直接需求系数矩阵，通过$a_{ij}=z_{ij}/x_j$核算获得，其中$z_{ij}$表示行业$i$到行业$j$以货币形式的中间流动，$x_j$表示行业$j$的总产出。

$$L=(I-A)^{-1},\ A=(a_{ij}^{rs}) \tag{4-6}$$

$$CBF_{co_2}=(e_{co_2})_{1\times n}\times L_{n\times n}\times Y_{n\times m} \quad (4\text{-}7)$$

式中，$L$表示列昂惕夫逆阵（涵盖各部门间直接和间接的生产需求关系），$CBF_{co_2}$表示粤港澳大湾区各城市的消费端碳足迹。

### 4.2.3 主要数据来源

粤港澳三地的能源、人口等数据均来自官方统计报告。广东省的能源、人口及经济相关数据来源于广东省统计局，港澳地区的相关数据则分别来源于香港特别行政区政府统计处与澳门特别行政区统计暨普查局。在直接碳排放的核算中，化石燃料的碳排放因子来源于联合国政府间气候变化专门委员会发布的指南（Eggleston et al., 2006）和广东省、市、县（区）级温室气体清单，港澳及全球其他地区各行业的直接碳排放数据来源于Eora中的PRIMAPHIST数据库（Gütschow et al., 2016；Lenzen et al., 2012a；Lenzen et al., 2013）。本章所应用的中国省级多区域投入产出表则来源于中国碳核算数据库（Mi et al., 2017）。

## 4.3 粤港澳大湾区城市消费端碳足迹现状

2020年，粤港澳大湾区各市整体与人均的消费端碳足迹如图4-1所示，反映出各市最终消费所驱动的排放情况。研究表明，2020年粤港澳大湾区总消费端碳足迹高达846兆吨，对应的人均排放为10吨/人。香港的总消费端碳排放量最高（271兆吨），广州和深圳的消费端排放量分别处于第二位（138兆吨）和第三位（136兆吨）。香港的人均消费端碳足迹也高达36吨/人，一方面是由于电力、燃气和供水业的高碳排放，另一方面也与城市居民的高消费有关（Chen et al., 2019）。除香港外，珠海和澳门的人均排放水平位于粤港澳大湾区前列（分别高达11吨/人和10吨/人），略高于广州和深圳的人均水平（分别为9吨/人和8吨/人），主要与这些地区人口密度较低而居民消费水平较高有关。

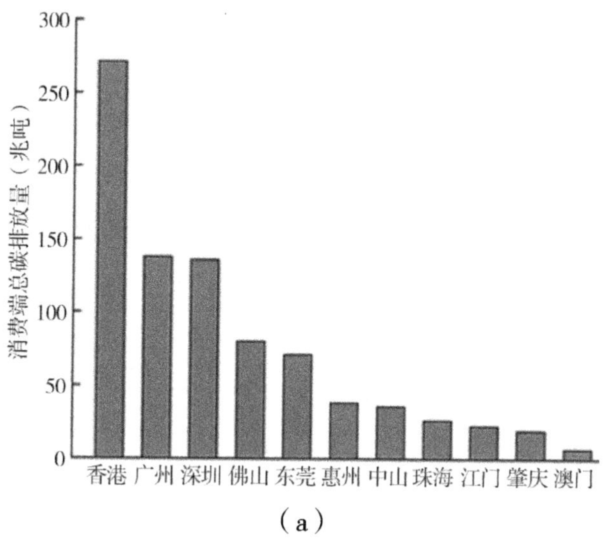


（a）

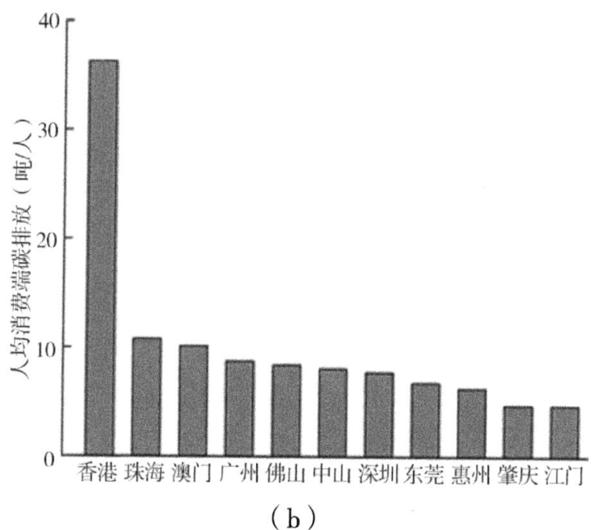


（b）

图4-1　2020年粤港澳大湾区各城市整体与人均消费端碳足迹

粤港澳大湾区与国际三大湾区的核心城市（东京、纽约和旧金山）及其他部分发达国家主要城市的人均消费端碳足迹对比情况如图4-2所示。2020年粤港澳大湾区人均消费端碳足迹为10吨/人，比大部分国际湾区城市及发达国家城市低，但高于东京和斯德哥尔摩。伦敦等部分欧洲国家的城市人均消费端碳足迹为10吨/人，而纽约、旧金山等美国主要城市的人均消费碳足迹高达17～20吨/人，约为粤港澳大湾区排放水平的2倍。虽然粤港澳大湾区整体的消费端碳足迹水平在全球部分发达国家城市中相对偏低，但部分城市则比较突出，尤其是香港，2020年，香港人均排放水平达到36吨/人，高于国际三大湾区的核心城市。从消费端来看，随着经济发展和居民消费水平的提升，粤港澳大湾区未来碳排放还有一定上行的压力，但同时也有较高的降碳潜力，未来在推动粤港澳大湾区碳达峰、碳中和目标实现时，我们应重点关注核心城市与消费相关的排放变化。

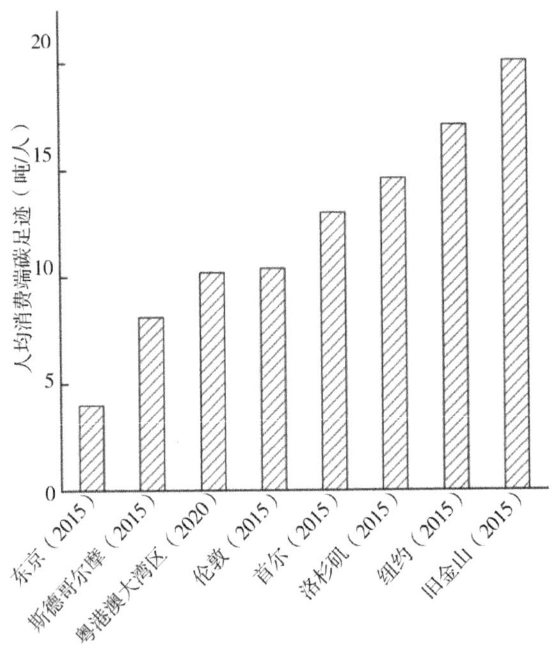


图4-2　粤港澳大湾区与全球部分城市人均消费端碳排放水平对比

## 4.4　粤港澳大湾区消费端碳足迹重点来源行业

粤港澳大湾区各行业对消费端碳足迹的贡献如图4-3所示。从消费端看，建筑业对粤港澳大湾区碳足迹的贡献巨大，该行业所驱动的直接和间接碳足迹占整个湾区排放的约20%（157兆吨），远高于其他行业，这主要是由于在建筑物原材料采掘（水泥、瓷砖、石砖等）、建材制备与现场建设过程中均需要消耗大量的能源和物料，在整个生产和供应链中产生了大量的碳排放，这不单对本地造

成影响，同时还会通过外包的形式影响粤港澳大湾区以外地区。当前粤港澳大湾区建筑业的总产值一直位居全国前列，近10年来，粤港澳三地的房地产建造和销售量都在迅速增加，带动了企业建筑原材料采掘生产与房屋装修装饰工程的增加，这些在很大程度上推动能耗增长，从而带动上游生产生活的碳排放攀升。

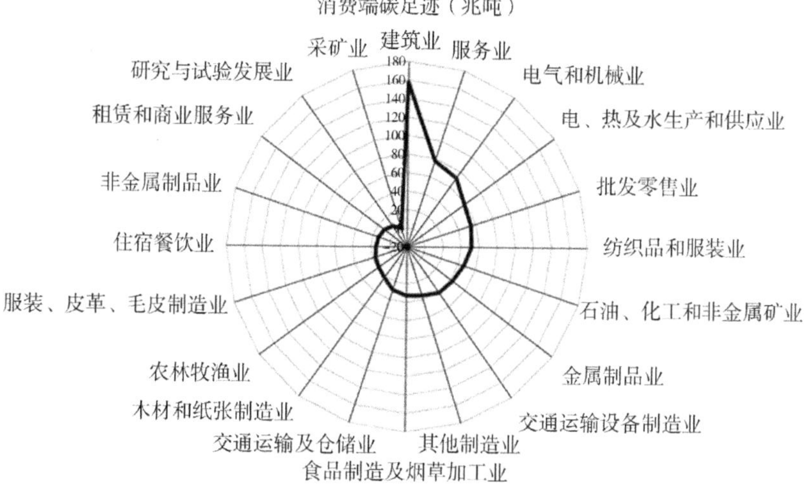


图4–3 粤港澳大湾区各行业对消费端碳足迹的贡献

服务业，电气和机械，电、热及水生产和供应业，批发零售业及纺织品和服装等行业所驱动的碳排放同样不可忽视，分别占粤港澳大湾区排放的6%～9%（52兆吨～77兆吨）。对于粤港澳大湾区而言，随着经济的不断增长，粤港澳大湾区服务业规模也在不断扩大，当前服务业已成为促进粤港澳大湾区经济增长的主体行业，在一些经济发达地区（如广州、深圳等），第三产业增加值已占到城市整体GDP的60%以上，对于港澳，第三产业增加值占比高达90%以上。服务业的发展也需要大量的粤港澳大湾区内外的电力供应和其他产品支持，并带来了碳排放区域外溢的效应，这进一步说明跨区域产业链一体化管理对粤港澳大湾区碳减排的必要性。此外，纺织品和服装产业一直是粤港澳大湾区的重要支柱行业之一，相应的制品属于区域外贸出口的优势产品，但其发展也需要大量的化学工业中间投入品。与世界先进生产企业相比，粤港澳大湾区的服装纺织企业的生产技术提升还具有较大的潜力。

## 4.5 粤港澳大湾区消费端碳足迹主要来源地分析

粤港澳大湾区消费端碳足迹在全球范围内的来源地统计结果如图4-4所示。需要说明的是，国内来源细分至30个省（区、市）（西藏无数据）以及香港、澳门两个特别行政区与台湾地区，国外被归为一个地区（即世界其他各地）。结果显示，广东和国外地区是粤港澳大湾区消费端碳足迹的两大主要来源。2012年粤港澳大湾区消费端碳足迹来源于广东省的排放为201兆吨，来源于国外地区的排放为166兆吨，分别占粤港澳大湾区整体消费端碳足迹的29%与24%。这充分说明了粤港澳大湾区的消费端碳足迹除与广东省内的生产紧密相关以外，也与国际贸易有很大的关系。广东省的直接碳排放密度与外包至国外的生产碳排放密度均在很大程度上影响粤港澳大湾区的消费端碳足迹。江苏、山东和内蒙古是国内除广东之外的排行第二、第三和第四消费端碳足迹来源地。2012年粤港澳大湾区来源于江苏、山东和内蒙古的消费端碳足迹量分别为36兆吨、24兆吨和22兆吨，占国内消费端碳足迹来源的7%、4%和4%，占粤港澳大湾区总体排放量的5%、3%和3%。

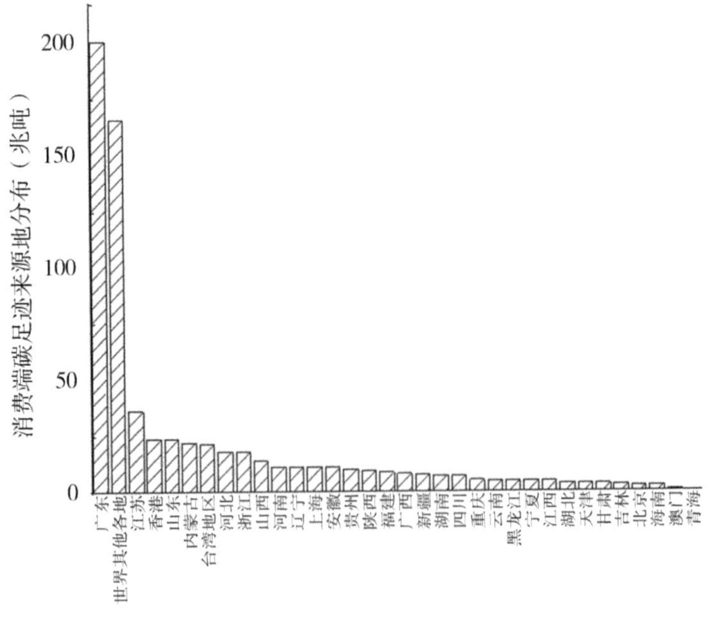


图4-4　粤港澳大湾区整体消费端碳足迹来源地

## 4.6 粤港澳大湾区绿色低碳发展政策与规划总结

在国家和地方层面上，各级政府针对粤港澳大湾区制订了一系列发展规划（表4–1），旨在建立更为低碳的生产和消费模式，支撑经济社会的绿色高质量发展。2019年，中共中央、国务院印发了《粤港澳大湾区发展规划纲要》，指出粤港澳大湾区应加快构建清洁低碳的能源体系，推广清洁生产技术和绿色低碳生活，并提出“力争碳排放”早日达峰的要求。“十三五”期间，广东省人民政府就发布了《广东省“十三五”控制温室气体排放工作实施方案》等规划，主要聚焦粤港澳大湾区能源结构调整，指出应降低燃煤发电，推动清洁能源的利用和发展，加快建设低碳能源体系，同时发展清洁生产技术、建立低碳试点与绿色示范区。在“十四五”规划方面，广东省人民政府及相关部门发布了《广东省国民经济和社会发展第十四个五年规划和2035年远景目标纲要》《广东省生态环境保护“十四五”规划》等规划文件，对粤港澳大湾区经济发展与碳排放控制提出了更加清晰的目标和要求，保障建立绿色低碳循环发展经济体系，推动珠三角城市率先实现碳达峰，并力争于2035年能源利用效率达到世界先进水平。

此外，港澳各地也发布了各自的低碳规划。2017年，香港特别行政区政府提出了《香港气候行动蓝图2030》，旨在通过调整能源结构、减少燃煤发电、更具规模地采用可再生能源、改善公共交通、加强各界合作等方式增强减排成效。2021年，香港特别行政区政府再次发布了《香港气候行动蓝图2050》，提出远期城市实现净零发电、运输零碳排放、降低建筑用电量等目标，支撑2050年全港实现碳中和。2021年，澳门特别行政区政府发布了《澳门特别行政区经济和社会发展第二个五年规划（2021—2025年）》，提出推动节能减排和源头减废、完善环保基建、实现清洁能源替代、降低交通碳排放等措施，打造绿色、低碳、宜居澳门。

碳达峰、碳中和是涉及全社会变革的系统工程，需要设计可持续的路径。粤港澳大湾区须从自身发展阶段和未来发展空间出发，在保证民生、稳定生产和保障能源安全的大前提下，完整准确全面落实碳达峰、碳中和工作。“十四五”是奠定碳达峰基础的关键期，因此，根据粤港澳大湾区各城市碳排放现状和趋势，提前部署粤港澳大湾区“双碳”工作，探讨实现路径和保障措施有重大必要性。

**表4–1　粤港澳大湾区绿色低碳发展重要政策与规划**

| 文件名称 | 发布时间 | 碳减排相关政策内容 | 规划目标 |
| --- | --- | --- | --- |
| 《广东省“十三五”控制温室气体排放工作实施方案》 | 2017年 | 发展非化石能源，开发利用风电、太阳能、生物质能等可再生能源；打造低碳产业体系；优化调整产业结构，发展第三产业 | 完成国家下达的约束性指标，碳排放总量得到有效控制，推动二氧化碳排放在全国率先达到峰值 |
| 《香港气候行动蓝图2030》 | 2017年 | 以能源结构调整为重点，逐步减少燃煤发电；加强可再生能源的利用；提高建筑物和基础设施能效；改善公共交通 | 2030年香港的碳排放强度比2005年的水平降低65%～70%，人均碳排放量减至3.3～3.8吨 |
| 《广东省能源发展“十三五”规划》 | 2018年 | 改进一次能源结构，控制煤炭消费总量，完善绿色低碳能源体系，提高能源效率 | 能源消费总量在2020年控制在3.38亿吨标准煤，单位GDP能耗在“十三五”期间下降17% |

续表 4-1

| 文件名称 | 发布时间 | 碳减排相关政策内容 | 规划目标 |
| --- | --- | --- | --- |
| 《广东省推进粤港澳大湾区建设三年行动计划（2018—2020年）》 | 2019年 | 优化粤港澳大湾区能源结构，实施煤炭减量替代；建立粤港澳大湾区绿色低碳发展指标体系，推广碳普惠制试点与低碳试点示范 | 无明确的能源与减排规划目标 |
| 《粤港澳大湾区发展规划纲要》 | 2019年 | 推广清洁生产技术；实施净零碳排放区示范工程，建设绿色示范区；推进能源生产和消费革命，构建清洁低碳的能源体系；开展绿色低碳生活活动 | 无明确的能源与减排目标，但提出“力争碳排放早日达峰”的要求 |
| 《广东省国民经济和社会发展第十四个五年规划和2035年远景目标纲要》 | 2021年 | 完善能源基础设施网络；深化碳交易试点，推动形成粤港澳大湾区碳市场；大力发展绿色产业；提升生态系统碳汇能力 | 能源强度与碳排放强度均按国家核定目标执行 |
| 《广东省生态环境保护“十四五”规划》 | 2021年 | 加快生产生活方式绿色转型成效显著；全面推进供给侧结构性改革，优化能源和交通运输结构；完善碳排放权交易体系，并推广绿色生产技术 | 到2025年，推动珠三角城市碳排放率先达峰，展望2035年，能源利用效率力争达到世界先进水平 |

续表 4-1

| 文件名称 | 发布时间 | 碳减排相关政策内容 | 规划目标 |
| --- | --- | --- | --- |
| 《澳门特别行政区经济和社会发展第二个五年规划（2021—2025年）》 | 2021年 | 推动节能减排和源头减废；实现清洁能源替代；降低交通碳排放，提高环保标准，转型更换电动车 | 未来5年内淘汰澳门所有属“欧四”环保标准的重型客运车辆，争取在2030年之前实现碳达峰 |
| 《香港气候行动蓝图2050》 | 2021年 | 增加可再生能源在发电燃料组合中的比例；推广绿色建筑，提高建筑物能源效益；发展新能源交通工具及改善交通管理措施；发展转废为能设施 | 2035年将不再使用煤电；2050年前实现净零发电，并致力实现碳中和 |

资料来源：中国政府网、广东省人民政府门户网站、广东省生态环境厅官网、广东省发展和改革委员会官网、香港政府新闻网、澳门政策研究和区域发展局官网等。

## 4.7 本章小结

作为我国开放程度最高、经济活力最强的区域之一，粤港澳大湾区城市群在绿色低碳发展上也应起到示范性和引领性的作用。本章通过多区域投入产出模型核算了2020年粤港澳大湾区各城市消费端碳足迹，从全球的视野来评估当前粤港澳大湾区各城市消费相关碳排放的主要特征和来源，识别各行业对粤港澳大湾区消费端碳足迹的贡献与区域内排放的主要来源地，并总结当前发展规划与减排目标，旨在为粤港澳大湾区全面实现“双碳”目标提供科学支撑。

主要结论如下：

（1）由于电力、热力和水的生产和供应业的高碳排放与居民

高消费的生活水平，香港的整体和人均消费端碳足迹最为突出，广州及深圳等地的消费端碳足迹总量相对较大，但人均水平较低。当前粤港澳大湾区整体及香港、珠海及澳门等核心城市有较高的减排潜力，未来在推动区域整体碳减排的同时，也应重点关注城市尺度的差异化减排路径。

（2）建筑业、服务业及电气和机械业等为粤港澳大湾区消费端碳足迹的主要驱动行业，其中建筑业最为突出。未来粤港澳大湾区在落实碳达峰、碳中和工作时，还须继续推动能源转型与加强对碳排放重点行业的管理。

（3）由于粤港澳大湾区经济的高度开放性和港口经济的显著作用，湾区本身的消费端碳足迹很大一部分来源于湾区之外（国内其他区域和国外），考虑贸易因素，从全产业链角度思考削减消费端碳足迹的路径也非常重要。

# 第 5 章

# 城市群碳减排责任分担机制

**本章概要**

在粤港澳大湾区城市碳排放核算基础上，本章结合林业碳汇的测算，制定了“生产、消费、生产-消费综合”多视角下碳减排责任分担机制，基于不同准则划分粤港澳大湾区“9+2”城市间的减排责任，并选择典型城市，预测在不同发展政策情景下的城市碳达峰路径与2025—2035年减排责任差异。

上一章从消费端的角度分析了粤港澳大湾区碳排放现状，并识别了整个城市群碳排放的主要来源行业与来源地区，然而如何基于多视角来评估地区排放水平与划分减排责任，提高碳配额分配的公平性与合理性尚需要研究。本章将继续以粤港澳大湾区为研究对象，在精准评估该区域内各城市排放水平的基础上，对比生产和消费碳排放之间的差距，并加入林业碳汇的考量，同时综合考虑地区人口规模、经济发展水平、生态资源潜力等因素，建立一套面向粤港澳大湾区城市群的碳减排责任分担机制。在此基础上选择三个典型城市，预测其在不同减排政策情景下的排放路径与责任分配情况。

## 5.1 多视角碳减排责任划分与林业碳汇研究进展

碳减排是缓解全球气候变化的最重要途径，而如何达成公平和高效的减排责任分担是关键挑战之一。已有研究表明，基于生产端与消费端等不同系统边界得到的碳排放测算结果存在较大差距（Chen et al.，2020b），在贸易区域化和全球化背景下，各地区消费过程中所产生的排放存在显著的外溢现象（Mi et al.，2019；Sudmant et al.，2018）。当前研究对减排责任的划分主要是从国家或省级尺度提出的基于生产、收入、消费这几个方面的共担原则（Jakob et al.，2021；Zhang，2015；丛建辉等，2018）。相关研究总结见表5-1。然而，目前从生产或消费单一视角来划分减排责任均难以满足全面评估的需求（汪燕等，2020；王文治，2018；陈绍晴、吴俊良，2022），并且可能影响责任分配的公平性。

表5-1　碳减排责任划分部分相关研究总结

| 作者 | 研究视角 | 研究层次 | 研究内容 |
| --- | --- | --- | --- |
| Raupach et al.（2014） | 生产、消费和基础设施等多个视角 | 国家 | 分析了生产、消费等视角下的差异，结合历史人均累计排放和未来基础设施可能排放，提出了在共享原则下为国家制定碳配额 |
| Chen et al.（2016） | 区域与部门 | 亚国家 | 核算了跨国城市碳足迹网络，指出层级结构中不同地位的城市需要有不同程度的应对气候变化的责任 |
| Fan et al.（2016） | 生产/消费端 | 全球 | 从生产和消费的角度测算了全球14个大经济体的排放量，比较人均需求/生产端碳排放与人均GDP之间的关系 |
| Wang et al.（2018） | 生产/消端 | 亚国家 | 基于生产和消费两种视角评估我国30个省（区、市）2007—2012年的碳排放，分析了相应时段减排趋势 |
| Zhang（2015） | 七项分配原则 | 亚国家 | 比较了在生产/收入/消费等七项分配责任的原则下中国各省（区、市）的碳减排义务与碳乘数 |
| Yang et al.（2020） | 消费端 | 全球 | 核算了亚太区域内部的水、碳等方面的足迹，评估各地区间的流动机制与对社会经济的影响 |
| Jakob et al.（2021） | 共同责任视角 | 全球 | 从生产和消费的共同分担视角按照利益比例评估了全球不同经济体的贸易相关排放责任分担 |

续表 5-1

| 作者 | 研究视角 | 研究层次 | 研究内容 |
| --- | --- | --- | --- |
| Pozo et al.（2020） | 责任/公平等原则 | 全球 | 利用现有的公平框架，根据责任、公平等原则研究全球分配碳减排配额，以国家碳减排能力来评估这些配额的合理性 |
| Fyson et al.（2020） | 共同责任视角 | 全球 | 根据共同分担原则来展示如何在1.5～2℃控温情境下认定区域之间减排责任分担，说明了延迟近期的削减任务如何影响主要排放国的减排责任 |

笔者根据文献整理。

在应对气候变化的进程中，林业碳汇的作用同样不可忽视，当前学界普遍认为它是实现《巴黎协定》目标的重要保障之一（Grassi et al.，2018）。有研究表明，在未来20年间，全球土地利用变化可使土地系统从净碳排放源转变为净碳汇，并推动各国实现在2030年大约25%的计划减排量（Grassi et al.，2017；Macintosh et al.，2015），其中天然林的碳吸收作用尤为突出（Hua et al.，2022；Lewis et al.，2019），天然再生林每年可从全球吸收约89亿吨$CO_2$（Cook-Patton et al.，2020），如果停止砍伐森林，次生林可以吸收约14%的人类活动相关碳排放（Moomaw et al.，2019）。当前，中国陆地生态系统每年总吸收量大约为11亿吨$CO_2$，占国内总体碳排放量的45%左右（Wang et al.，2020）。另有研究表明，在无政策情景下，我国陆地碳汇可抵消$CO_2$排放总量的2.8%～18.7%（Yang et al.，2022），表明中国在林业碳汇开发上的巨大潜力。与此同时，推动林业碳汇的发展也将给地区及相应的群体带来巨大的经济效益（Le & Leshan，2020；Lin & Ge，2019），促使经济与减排的双赢发展模式的实现，并有机会通过生态补偿机制来提高区域间的减排责任划分公平性。森林生态系统能为人类提供多样化生态服务，对林业碳汇研究的重视将降低类似大片亚马逊雨林由碳汇变碳源事件发生的可能性（Nishioka & Shuzo，2016）。

森林固碳量可以通过卫星遥感、地面测量、植被净初级生产力、生物量扩展因子等方法进行估算，其中地面和卫星观测被广泛应用于全球和中国陆地碳通量的测量（Wang et al.，2020；Harris et al.，2021；Wang et al.，2022）。相比之下，生物量扩展因子法（BEF）可以根据特定植被的类型、物种、年龄、蓄积量、生长速率和一些地方特征来估算其碳汇量，有助于更准确地区分可交易森林碳汇量。当前，该方法被广泛用于中国森林碳汇的计算（Zhang et al.，2013；Guan et al.，2015），同时也被《IPCC 2006年国家温室气体清单指南》等标准文件认证。因此，本章的林业碳汇核算基于此方法进行。

粤港澳大湾区各城市之间在经济社会发展方面存在较大差距，在落实国家碳达峰、碳中和目标的要求下，合理划分城市间减排责任至关重要。此外，粤港澳大湾区内陆有着较丰富的森林资源（其中广东省森林覆盖率高达58.59%），中、幼龄林比例较大，碳吸收潜力巨大，却容易在减排责任认定时被忽视，不利于减排任务的公平开展和城市碳达峰方案的敲定。

当前学界针对减排责任划分方法的差异做了较为详细的论证，一方面，这些基于历史减排责任的研究探索仍停留在国家或省级层面上，同时林业碳汇作为抵消碳排放的重要指标，可交易碳汇在减排责任划分中的作用仍不清晰。另一方面，基于城市尺度对未来减排责任分担及排放额度的预测与规划研究仍较为薄弱。在生产和消费的综合责任视角下，核算区域历史碳排放，探索未来不同城市应承担的减排责任，是区域内实现“双碳”目标与协同可持续发展的关键一环。在国内气候考核逐渐转为碳总量和碳强度“双控”的背景下，构建综合考量排放、经济发展阶段及自然资源禀赋等多因素下的城市减排责任认定机制尤为重要。

## 5.2 城市群碳减排责任分担机制的研究框架与数据

### 5.2.1 研究框架与技术路线

本章选择我国经济活力最强的区域之一、减排潜力巨大的粤港澳大湾区城市群为研究对象，分别根据《IPCC 2006年国家温室气体清单指南》中推荐的方法和多区域投入产出分析（MRIO）估算粤港澳大湾区各城市生产和消费相关碳排放，比较两种视角下碳排放责任划分的差异并分析原因，同时测度粤港澳大湾区的森林碳汇交易潜力，综合考虑多维度准则共同划分历史减排责任，并在此基础上选取三个典型城市预测未来在不同低碳政策及经济社会发展情境下的碳达峰轨迹及减排责任分配。整体技术路线如图5-1所示。

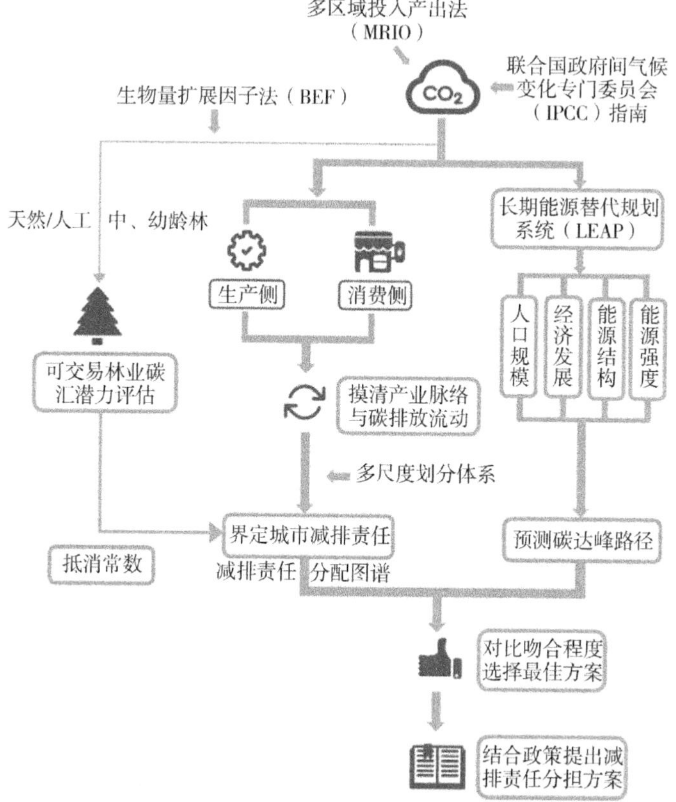


图5-1 城市群碳减排责任分担机制研究技术路线

在划分粤港澳大湾区各个城市的减排责任的过程中，除了人工林，本章将部分天然林纳入可交易碳汇的范畴进行林业碳汇核算，从可交易碳汇视角评估林业碳汇对各城市碳排放的抵消作用；同时，本章选取代表性城市进行结果与政策性分析，提出减排责任分担的方案。具体技术路线如图5-2所示。

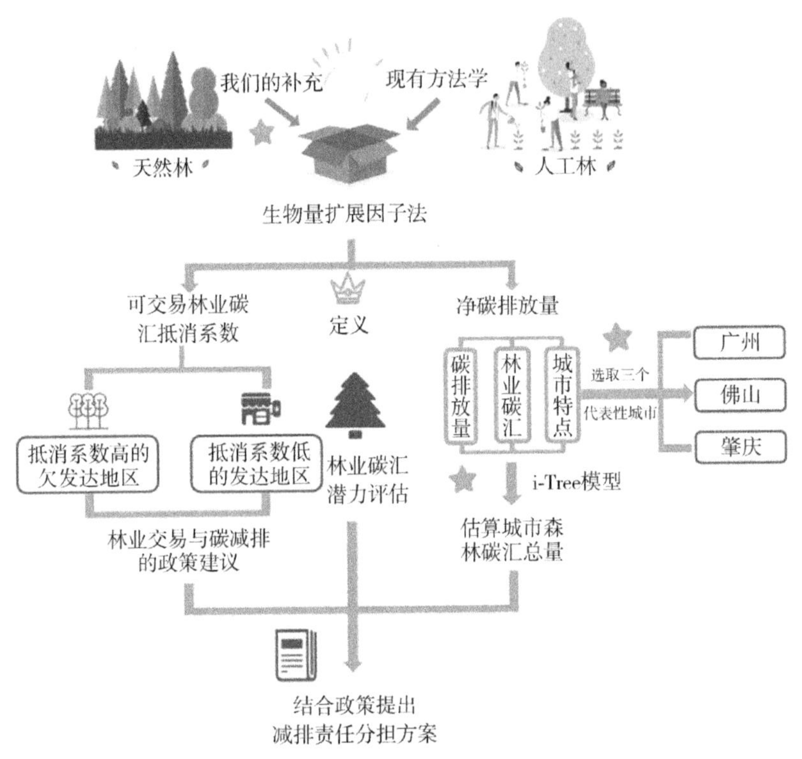


图5-2 林业碳汇纳入碳减排责任分担示意

其中，运用长期能源替代规划系统（LEAP）模型考虑产业结构、能源结构、经济发展和能源强度等方面的变化，预测粤港澳大湾区三个代表性城市（广州、佛山和肇庆）在不同情景下的未来碳达峰轨迹，并结合碳减排责任分配准则界定其未来减排责任，技术路线如图5-3所示。

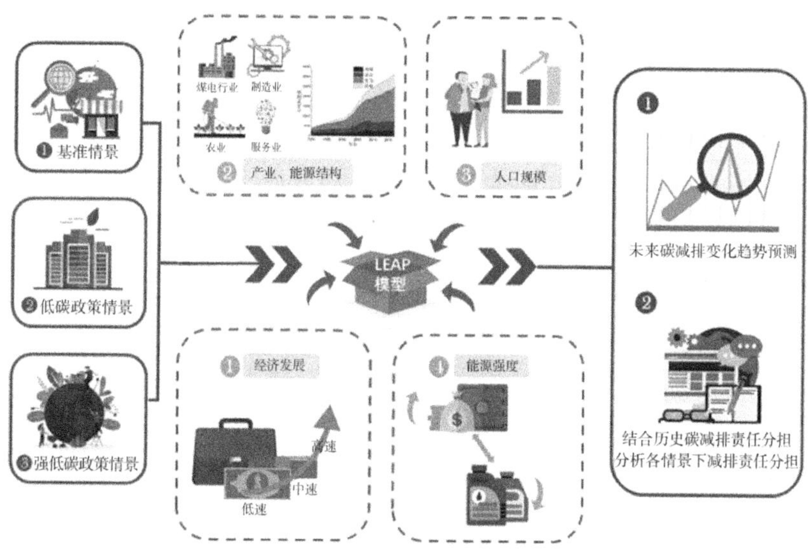


图5-3 城市群碳减排责任分担未来模拟预测

### 5.2.2 研究对象

本章以粤港澳大湾区为案例，探究碳减排责任划分机制。粤港澳大湾区是由珠三角九个城市与香港、澳门两个特别行政区组成，总面积约为5.6万平方千米，人口达7000万，经济总量超过10万亿元，均超过长三角和京津冀地区，在国家高质量发展与绿色转型中起到重大战略作用。在过去十几年时间里，粤港澳大湾区的年均地区GDP始终维持8%左右的高速增长率。然而，在经济快速发展的同时，该区域的能源消费及对应碳排放都在快速上升，1990—2019年，珠三角九个城市的直接碳排放几乎增长了40倍。内部城市间碳排放差异逐渐扩大的同时，粤港澳大湾区强烈的经济联系与产业转移造成了产业链上下游地区的碳流动，使得单一视角的减排责任划分方式无法完整地支撑整个地区的减排工作部署。推动区域协调发展、科学划分减排责任，是粤港澳大湾区未来实现低碳可持续发展的重要保障。

### 5.2.3 研究数据及来源

粤港澳大湾区各城市经济社会发展数据（人口、地区GDP、消费支出水平等）均来源于广东省统计年鉴，珠三角九个城市的各部门直接能耗和碳排放数据来源于中国碳核算数据库，港澳及全球其他地区各行业的直接碳排放数据来源于Eora中的PRIMAPHIST数据库（Lenzen et al.，2012a；Lenzen et al.，2013）。研究所需的2007年、2012年及2017年的中国多区域投入产出表来自国家统计局，全球多区域投入产出表则来源于Eora数据库，能源结构及消费量来源于粤港澳大湾区各城市的能源平衡表。各城市的人工与天然乔木林中中龄林和幼龄林面积和蓄积量数据来源于全国第六至第九次森林资源清查公报。

## 5.3 粤港澳大湾区各城市碳排放水平与碳汇抵消

### 5.3.1 生产端碳排放和消费端碳足迹核算方法

#### 5.3.1.1 生产端碳排放核算

核算城市的历史碳排放量是进行碳减排责任划分的基础。本章根据2006—2021年广东省各城市统计年鉴、香港能源统计年刊、澳门统计年鉴及《广东省市县（区）温室气体清单编制指南（试行）》获取粤港澳大湾区各城市使用的燃料品种及其消耗量，并于《IPCC 2006年国家温室气体清单指南》中获取对应的碳排放因子，计算粤港澳大湾区各城市的能源消费相关的直接碳排放量，公式如下：

$$二氧化碳排放量=\sum（活动水平数据_f \times 碳排放因子_f \times \frac{44}{12}） \tag{5-1}$$

式中，$f$ 表示燃料类型；活动水平数据则代表某燃料的投入和消耗量；碳排放因子表示单位燃料使用量所释放的碳排放量。

#### 5.3.1.2 消费端碳足迹核算

在直接碳排放核算的基础上，利用嵌套式多区域投入产出模型来进行消费端碳足迹核算。本章首先计算了粤港澳大湾区各经济行业的碳排放强度，再通过构建的全球—中国嵌套式多区域投入产出表核算粤港澳大湾区“9+2”城市的消费端碳足迹，具体核算方法见上一章。

### 5.3.2 粤港澳大湾区城市生产端和消费端碳足迹比较

从生产和消费两个视角对2016年粤港澳大湾区各城市的碳排放情况进行横向比较。从总量来看，广州的生产端碳排放最多，超过60兆吨，与其人口和地区GDP情况相对应；佛山、东莞、香港次之（排放量在30～50兆吨），可列为第二梯队。中山、珠海与肇庆的生产端碳排放水平相近，在20兆吨上下，可被列为第三梯度；而澳门生产端总碳排放最少（约2兆吨）。尽管香港的人口在粤港澳大湾区仅排在第5位，但其的总消费端碳足迹最大，几乎为广州和深圳的加和，是其他粤港澳大湾区城市的3倍以上。

从人均来看，相对发达城市（如广州、深圳、香港等）的生产端碳排放低于江门、珠海和惠州等城市。但从消费视角看，相对发达城市的碳排放明显高于其他地区。城市间最高人均碳足迹几乎是最低的2倍，城市间差异较大。香港的人均消费端碳足迹尤为突出，人口占据粤港澳大湾区9%却产生了总量的45%左右的碳足迹。此外，对比生产、消费两种视角，粤港澳大湾区的核心城市均为消费型城市，其中香港、深圳、澳门、广州等尤为突出。

### 5.3.3 林业碳汇核算方法

#### 5.3.3.1 可交易林业碳汇核算

可交易林业碳汇量指的是人工和天然乔木林的中、幼龄林固碳量。根据国家核证自愿减排量（CCER）项目中的《森林经营碳汇项目方法学》，仅有人工林中的中、幼龄乔木林可用于碳汇交易，与现行国际标准一致。已有大量研究指出天然林在碳吸收方面具有巨大潜力（如5.1中提到的部分研究），同样是实现碳中和的重要途径，而我国政府当前也在着手考虑逐步将天然林纳入碳汇交易的市场。本章基于上述相应的方法学理论及国内碳汇交易市场的发展趋势，同时纳入人工和天然乔木林的中、幼龄林来分析粤港澳大湾区内碳汇交易项目的开发潜力。

本研究根据《中国温室气体清单研究》（以下简称“清单”）所采用的生物量扩展因子（BEF）法计算乔木林生长生物量生长碳吸收量，从而得到粤港澳大湾区各城市的可交易森林碳汇量，具体公式如下：

$$\Delta C=\sum_{i=1}^{n}\sum_{j=1}^{m}\sum_{k=1}^{k}\left[A'_{t,u,k}\times V_{t,u,k}\times G_{t,u,k}\times D_{t,u,k}\times B_{t,u,k}\times (1+R_{t,u,k})\times C'_{t,u,k}\right] \tag{5-2}$$

式中，$\Delta C$表示乔木林生物量生长碳吸收量；$A'$表示乔木林面积，$V$表示乔木林单位蓄积量；$G$、$D$、$B$、$R$、$C'$分别表示特定乔木林的蓄积量生长率、基本木材密度、树干生物量转换为地上部生物量的比值、地下生物量与地上生物量的比值，以及生物量含碳率。下标$t$=1，2，3，…，$n$，表示不同省（区、市）；$u$=1，2，3，…，$m$，表示不同乔木林树种；$k$=1，2，3，…，$K$，表示乔木林龄组。

#### 5.3.3.2 总植被碳汇核算

作为对粤港澳大湾区林业碳汇分析的补充视角，利用自下而上的实地调研方法并结合i-Tree-Eco模型测算相应城市总植被碳汇量，得到最大化的城市自然碳吸收潜力。本章选取粤港澳大湾区内具有代表性的3个城市（广州、佛山和肇庆），核算总植被碳汇。其中，广州作为国际大都市，经济体量庞大，生产、消费端碳排放位列第一梯队，乔木资源相较粤港澳大湾区其余发达地区较为丰富，产业方面以服务业、高新技术产业为主，是产业转型升级的良好范本。佛山作为全球重要的建筑、陶瓷制造中心，经济发展依赖大量能源消耗，生产、消费端碳排放位列粤港澳大湾区第二梯队，

但其森林资源相对匮乏。肇庆未来经济发展潜力巨大，近几年的经济增速较快，其自然生态资源较为丰富，森林覆盖率高，碳抵消作用显著。

i-Tree-Eco模型是基于“局地气候分区分层”的理论，通过收集实地勘测数据与相关的城市信息，估算出相应地区的总植被碳汇量。早在2012年，Stewart、Oke（2012）就提出了局地气候分区的概念，指的是在几百米甚至几千米的尺度上，将城市下垫面的特征分成若干个具有显著差异性的气候单元，其具有类似相同地表覆盖、空间形态和建筑材质及相似人类活动的区域（Aminipouri et al.，2019；Zhao et al.，2020）。在本章中，首先通过卫星遥感影像及数字化过程，构建广佛肇局地气候分区；其次通过分区结果，利用ArcGIS软件，从城市空间形态角度，分别对广佛肇进行预分层随机取样，以获取准确的采样点位置；最后依据采样要求，并结合自身的人力、物力条件，实地探查广佛肇范围内的100个采样点，采样地块尺寸为20 m × 20 m。结合异速方程、转换因子与树种的胸径方程，通过i-Tree-Eco模型分析可得出广州、佛山和肇庆3个城市的植被固碳、储碳现状。

### 5.3.4 粤港澳大湾区城市林业碳汇抵消作用

图5-4与图5-5展示了2006—2016年不同视角下的粤港澳大湾区可交易天然乔木和人工乔木林碳汇对生产和消费端碳足迹的抵消系数。通过测算，在广州、佛山、肇庆3个城市的总植被碳汇中，仅分别有3.36%、1.69%及1.68%的碳汇具有交易潜力。考虑到未来可开发为碳汇项目的现实性，研究以具有交易潜力的森林碳汇抵消贡献为主进行分析。其中，肇庆、惠州、江门、广州等乔木林资源丰富的地区森林碳汇相对较高。基于现有的森林碳汇分析方法，2006年粤港澳大湾区人工可交易碳汇林对消费端和生产端碳排放的平均林业抵消系数分别为0.43和0.34%；随着各地经济和消费水平的快速增加，2011年和2016年人工乔木林在消费端的抵消系数则分别降至0.26%和0.20%。这是由于粤港澳大湾区人工和天然乔木总可交易

碳汇量之和在这10年间分别整体增加了89.2%和35.8%，低于消费端碳足迹的增长速度（198.8%）。整体而言，林业碳汇对于碳排放的抵消作用随碳排放总量的增加而呈现总体下降的趋势，从消费端的角度看这一特征尤为明显。从生产端的角度，其抵消系数在2011年降至0.32%，但在2016年升至0.48%，这主要跟“十二五”期间粤港澳大湾区所实施的减污降碳政策有关。2006—2011年，粤港澳大湾区本地生产端碳排放持续且快速地增长，但到了2011年后，随着广东省及各城市关于煤电控制、产业结构优化、环保准入提高、植树造林等政策的实施，生产端碳排放的增长速度明显放缓，同时人工林的碳汇抵消潜力明显增加，因而在2016年区域内人工林碳汇对生产端碳排放抵消比例有所提升。与之类似，粤港澳大湾区天然碳汇林对消费端碳足迹的抵消系数在2006年、2011年和2016年之间呈现下降趋势，分别为0.86%、0.47%及0.27%，而对生产端碳排放的抵消系数则分别为0.76%、0.59%和0.64%。总体来看，该地区内天然可交易碳汇林的碳吸收潜力显著高于人工林，在未来推动植树造林的同时也应注重区域内天然森林资源的保护，并考虑将天然乔木林纳入林业碳汇交易中，这将对碳汇抵消和碳减排责任划分机制有重要影响。

粤港澳大湾区内可交易林业碳汇总量的38%左右由肇庆贡献。2006年，肇庆天然和人工乔木林中碳汇交易潜力的总和可抵消该城市生产端碳排放的31.3%及消费端碳足迹的8.4%。然而，随着肇庆经济水平的提高与碳排放水平的上升，其总体可交易碳汇对于生产端碳排放的抵消比例在2011年、2016年和2019年分别降至17.16%、11.81%及7.05%，对于消费端碳足迹的抵消比例在2011年和2016年分别降至5.8%与4.2%。在粤港澳大湾区人口密集和绿地分布较少的城市（如广州、深圳、佛山等），其碳抵消系数均小于1%，可交易林业碳汇的碳中和作用相对较小，但对于肇庆、惠州、江门等乔木资源丰富的城市，森林可交易碳汇仍然是城市碳中和的重要组成部分。因此，对于次发达地区，如肇庆、惠州、江门等，未来应充分开发碳抵消潜力；对于相对发达的地区，如广州、深圳、香港

等，其林业碳汇抵消系数较低，未来应激励其在城市间减排合作中承担更大责任，并与其他生态碳汇资源丰富的地区合作开发林业碳抵消项目。

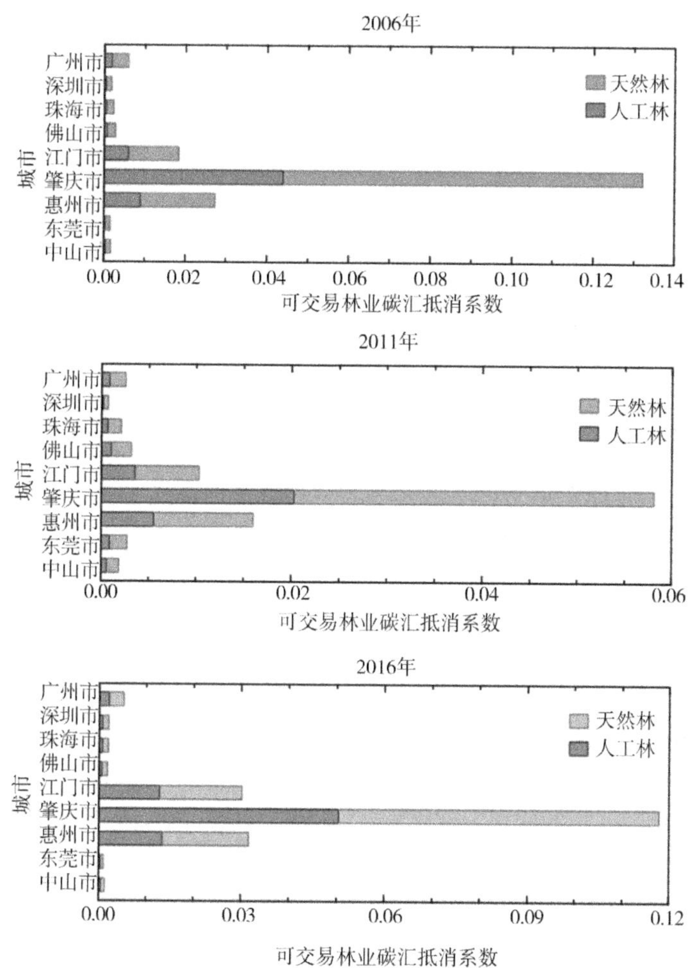


注：港澳地区无数据。

图5-4　2006—2016年粤港澳大湾区天然林与人工林碳汇抵消系数潜力分析（与生产端碳排放比较）

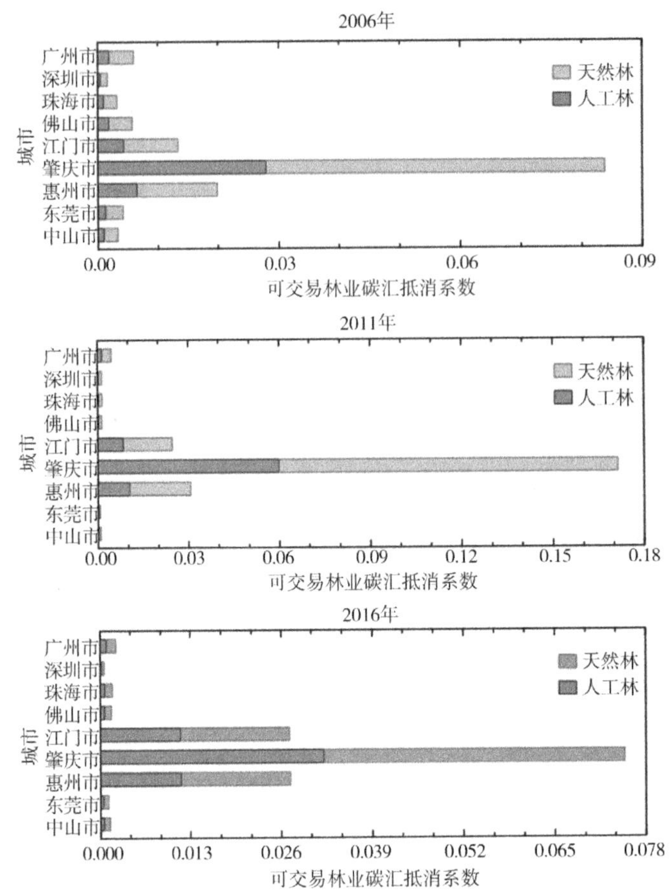


注：港澳地区无数据。

图5-5　2006—2016年粤港澳大湾区天然林与人工林碳汇抵消系数潜力分析（与消费端碳排放比较）

## 5.4　粤港澳大湾区城市历史碳减排责任分析

### 5.4.1　城市碳减排责任划分准则

本章考虑了社会经济发展及生态林业碳汇抵消作用等多方面因素，从生产端、消费端、生产–消费综合视角出发（第1层次），基于碳排放总量、人均排放量及单位GDP排放量等指标（第2层次），兼顾林业碳汇抵消的考虑（第3层次），划分城市碳减排责任（图5-6、表5-2）。其中，生产–消费综合视角同时考虑了城市

生产和消费的气候影响，基于公式（5–3）划分减排责任：

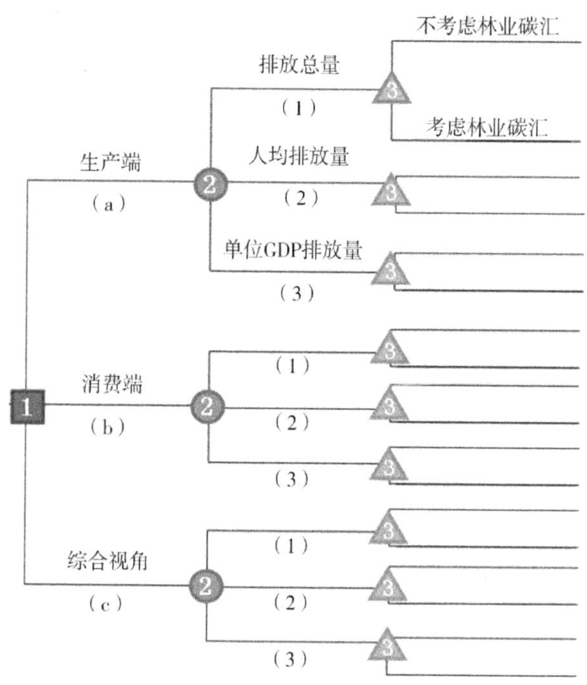


图5–6 碳减排责任分担机制决策树

$$R^i_b=\frac{\omega \cdot p_i+(1-\omega)\cdot c_i}{\omega \cdot P+(1-\omega)\cdot C} \tag{5-3}$$

式中，$R^i_b$为第$i$个城市生产–消费综合视角的碳减排责任，$p_i$、$c_i$分别为第$i$个城市的生产端、消费端碳足迹量，$P$、$C$分别为粤港澳大湾区各城市生产端、消费端的整体碳排放量，$\omega$为生产端的排放权重（本研究中取0.5，即认为生产和消费对气候影响同等重要）。

**表5–2 综合考虑下的减排责任分配准则（对应各种准则的编号）**

| 碳汇抵消 / 碳排放 | | 按原始碳排放划分 | 按净排放量划分（考虑森林可交易碳汇量抵消，*） |
|---|---|---|---|
| 生产端视角（a） | 总排放量（1） | （a–1） | （a–1*） |
| | 人均排放量（2） | （a–2） | （a–2*） |
| | 单位GDP排放量（3） | （a–3） | （a–3*） |

续表 5-2

| 碳汇抵消<br>碳排放 | | 按原始碳排放划分 | 按净排放量划分（考虑森林可交易碳汇量抵消，*） |
|---|---|---|---|
| 消费端视角（b） | 总排放量（1） | （b-1） | （b-1*） |
| | 人均排放量（2） | （b-2） | （b-2*） |
| | 单位GDP排放量（3） | （b-3） | （b-3*） |
| 生产-消费综合视角（c） | 总排放量（1） | （c-1） | （c-1*） |
| | 人均排放量（2） | （c-2） | （c-2*） |
| | 单位GDP排放量（3） | （c-3） | （c-3*） |

### 5.4.2 基于历史碳排放量的粤港澳大湾区城市减排责任划分

不同准则下的粤港澳大湾区城市碳减排责任划分图谱和分配情况如图5-7、图5-8所示。近15年来，虽然粤港澳大湾区城市间的生产及消费端视角下的排放差异相对较大，但随着时间推进，粤港澳大湾区各城市间的责任分担差异在逐渐减少，这主要跟部分发展中的城市经济增速较快、排放增长较多有关。其中，消费端视角下，香港须承担最大减排责任，按照2019年排放总量划分，减排责任占比高达42%；广州、深圳次之，同年所承担的减排责任分别为26%和16%。相比之下，生产端视角下，香港所须承担责任相对较小（12%），而广州所须承担的减排责任更为突出（16%）。此外，生产端视角下，东莞的减排责任同样不可忽视（12%）。研究还发现，人口经济发展因素对生产端减排责任划分结果有着较为显著的影响，11个城市之中，广州、佛山、东莞与香港承担相对较多的减排责任；当切换为人均准则时，广州与佛山的减排责任下降，惠州、珠海、东莞则承担更多；在单位GDP准则下，东莞的减排责任进一步上升，2019年达21%，中山、江门次之。

整体而言，无论在哪种准则下，香港在消费端视角下所承担的减排责任均较为突出，而广州、佛山等城市在生产端角度则须承担较大的责任。对比人均与单位GDP准则下的减排责任划分，东莞、惠州、中山与澳门差异显著，前三者在单位GDP准则下减排责任较人均准则下随时间上升更快，后者则反之，这种趋势在生产端视角下尤其显著。此外，澳门、珠海等城市的减排责任在人均和总排放量两种准则上差异较大，虽然这些城市的总体排放量并不高，但人均消费端排放量尤为突出，主要跟当地居民消费水平较高有关。考虑碳汇交易抵消效应后，乔木资源丰富的城市（如肇庆、江门）减排责任减少，其中林业碳汇对生产端责任划分的影响略大于消费端，然而由于抵消作用有限，这些变化幅度都在1%之内。

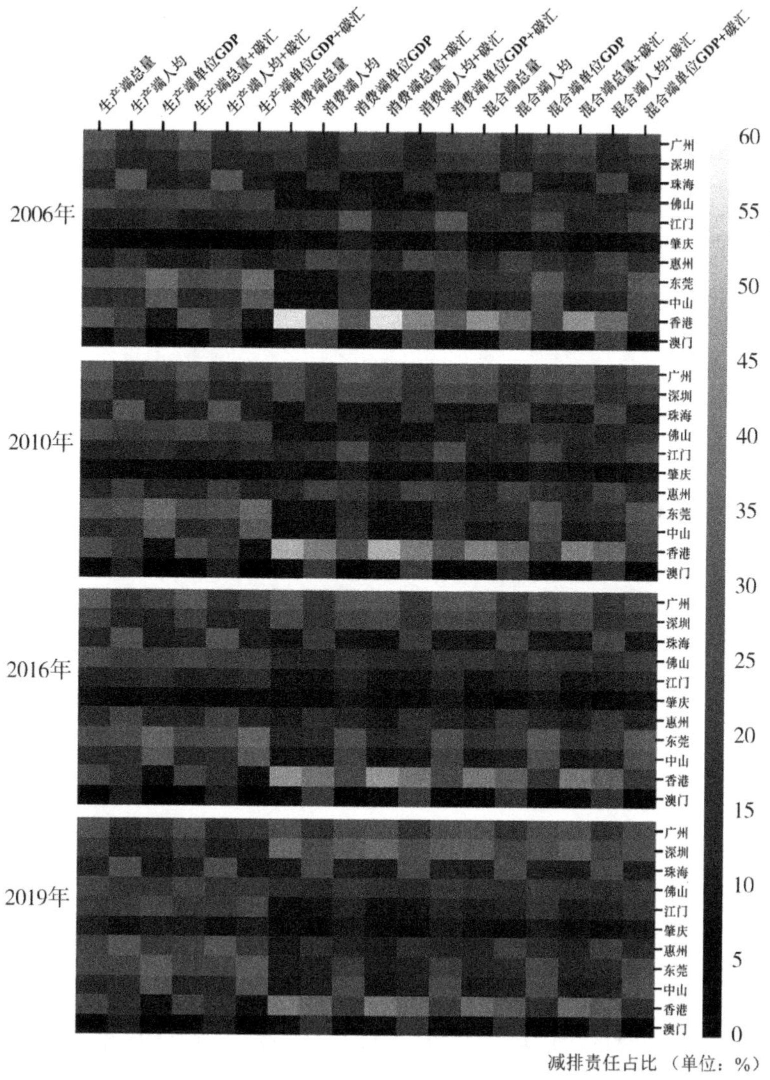


图5-7 多准则下粤港澳大湾区城市碳减排责任划分图谱

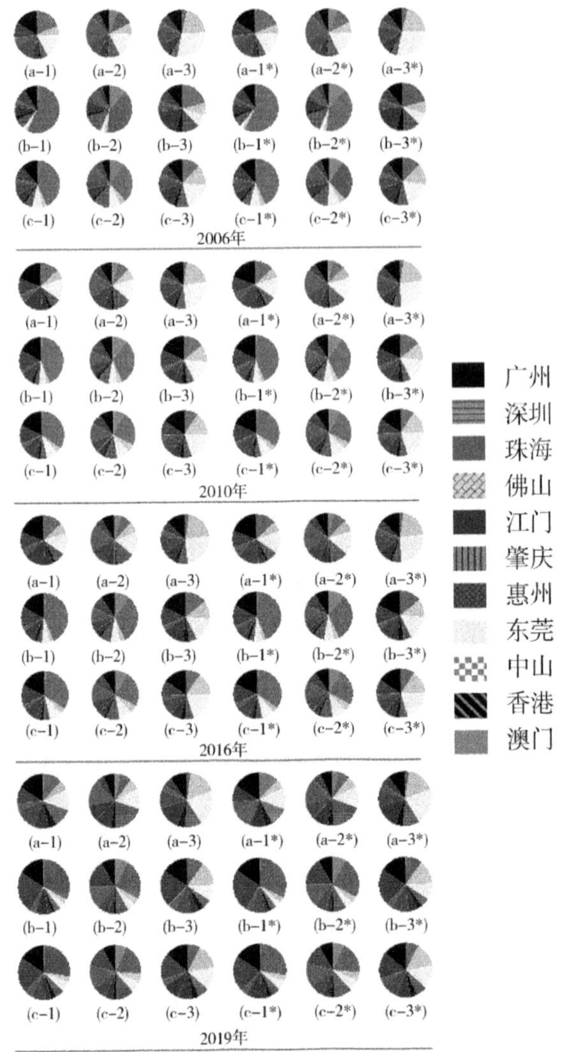


图5-8　多准则下粤港澳大湾区城市历史减排责任分配

如图5-9所示，通过追踪粤港澳大湾区整体排放来源，发现粤港澳大湾区生产端碳排放中有84.8%由本地的消费驱动，以出口的形式转移到国内其他地区与国际地区的则分别有12.5%与2.7%。相比之下，湾区内消费端碳足迹的转移相对更明显，本地排放来源为71.4%，而国内其他地区的贸易与国际贸易来源则分别为21.7%与6.9%。在划分区域内城市减排责任时，区域内外碳转移流动的效应同样不可忽视，综合视角可以在一定程度上消除生产和消费过程的

碳泄漏带来的影响。

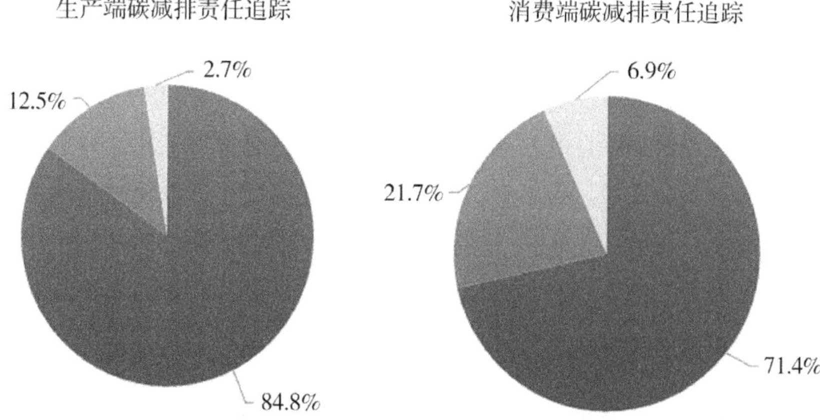


图5-9 粤港澳大湾区生产与消费端碳足迹责任来源追踪

## 5.5 粤港澳大湾区城市未来碳排放与减排责任分担预测

### 5.5.1 碳排放预测方法和情景设置

#### 5.5.1.1 生产端碳排放预测

长期能源替代规划系统，即LEAP模型，是当前被广泛用于长期预测各部门能源需求、消费及环境影响的终端能源模型。该方法自下而上地综合考虑人口、经济、技术等一系列因素，基于终端部门的活动水平、能源强度、污染物排放因子等数据，以预测在不同经济增速、能源及产业结构调整、技术进步等情景下的碳排放变化趋势及达峰路径（Dong et al.，2021；Hernández & Fajardo，2021；Suganthi & Samuel，2012）。鉴于本章需要进行不同经济发展、产业结构及能源结构情景在城市尺度下排放变化的预测与分析，相比多元回归等其他方法，LEAP模型结构稳定，数据输入透明、灵活，可根据研究需求及数据可获得性灵活调整数据框架，具有显著优势。本章按照“资源”“转换”“需求”

的顺序考虑粤港澳大湾区的能源需求与供求平衡关系，根据当前各经济部门的能源需求，以及基于对未来经济、社会发展预测的数据，通过设计不同的发展情景预测未来粤港澳大湾区各城市的碳排放演变。

考虑到数据信息的可获取性，本章将最终能源需求划分为电力热力燃气、制造业、服务业、农业、采矿业等行业，消耗的能源类型考虑煤、石油、天然气三大化石能源以及其他能源。

本章情景中所预测的粤港澳大湾区生产端碳排放量即为最终能源消费相关的碳排放，其计算公式如下：

$$C_{PF}=\sum_{i}\sum_{j}A_i\times E_i\times\ \theta_{ij}\times E_j \tag{5-4}$$

式中，$C_{PF}$表示区域预测的生产端碳排放量；$A_i$表示行业 $i$ 的活动水平，代表各个行业的GDP；$E_i$表示行业 $i$ 的能源强度；$\theta_{ij}$表示行业 $i$ 中 $j$ 类能源需求在该行业总能源需求的占比；$E_j$表示 $j$ 类能源的碳排放系数。

### 5.5.1.2　消费端碳足迹预测

消费端碳足迹量预测则主要基于消费端测算的公式，其中假设未来各区域间的产业流动保持与基准年一致（即列昂惕夫逆阵$L$保持不变），而各地区居民消费水平变化与各情景下目标年相对基准年的GDP增长率保持一致，公式如下：

$$e_F=\frac{C_{PF}}{G_F} \tag{5-5}$$

$$C_{CF}=e_F\times L\times Y_F \tag{5-6}$$

式中，$e_F$表示粤港澳大湾区城市各行业的碳排放强度预测值；$C_{CF}$表示粤港澳大湾区城市各行业消费端碳排放量的预测值；$G_F$表示粤港澳大湾区城市各行业生产总值的预测值；$L$表示列昂惕夫逆阵；$Y_F$表示预测的粤港澳大湾区城市各行业最终消费矩阵。

### 5.5.1.3　情景设置

综合考虑未来人口规模、经济增长水平、产业结构、能源结构及强度等因素，本章考虑设定三种不同减排情景：基准情景、低碳

政策情景和强化低碳政策情景。其中，基准情景是基于“十三五”期间相关政策的延续，产业结构调整、能源消费等按照过去5～10年的历史趋势变化；低碳政策情景则是在基准情景的基础上，将低碳发展置于优先地位，保证完成国家和省在“十四五”期间设置的既定减排目标，其中产业优化与能源强度下降的速度更快；强化低碳政策情景表示未来将设置比上述两种情景更加严苛的低碳减排与能源转型政策，预期超额完成既定的减排目标。分析各情景在低、中、高三种不同速度的经济社会发展情景下的达峰时间点，九个情景均以2019年为基准年，预测未来2020—2035年各城市在不同情景下的达峰时间点。各情景具体设置如表5-3与表5-4所示。

**表5-3　粤港澳大湾区未来减排情景设定**

| | 基准情景 | 低碳政策情景 | 强化低碳政策情景 |
|---|---|---|---|
| 情景说明 | 延续“十三五”期间及之前的政策，产业结构与能源需求指标按照历史趋势变化 | 将低碳发展置于优先地位，社会模式进行一定转变，保证完成国家和省的既定减排目标 | 实施更严格的减排措施，超额完成既定减排目标，并尽可能向发达国家地区的水平靠拢 |
| 指标变化设定 | 产业结构、能源结构和能源强度按照“十三五”期间的现状和趋势继续发展 | 产业结构与能源结构逐渐得到优化，高能耗产业如电力热力燃气行业占比逐渐下降，高新技术产业、服务业等占比上升，煤炭和石油占能源消费比重稳定下降，天然气及电力占比上升，能源强度稳步减小 | 产业结构进一步转型升级，高能耗产业下降幅度增大，高新技术产业、服务业得到更快发展，煤炭消费以更快的速度被天然气或其他清洁能源替代，能源强度下降幅度增大 |

表5-4 粤港澳大湾区未来社会经济发展情景设定

| | 低增长情景 | 中增长情景 | 高增长情景 |
|---|---|---|---|
| 情景说明 | 人均GDP、人口规模等指标数值低于基准情景 | 根据历史趋势和“十四五”规划政策设定，为基准情景 | 经济发展水平比基准情景更高，即人均GDP、人口规模等指标数值高于基准情景 |
| 指标变化设定 | （1）随着三胎政策的实施，加之粤港澳大湾区经济活跃，人口数量仍呈增加趋势，但增长速率有所降低；<br>（2）由于加快经济结构转型、促使未来更好地适应新常态、推动更高质量发展的目标，随着经济总量的不断扩大，经济增速会有所下降；<br>（3）考虑共同富裕，鼓励以较小的经济代价促进经济相对落后地区减排，在经济相对落后地区设置较高的经济增速；<br>（4）考虑林业碳汇交易项目，在森林资源较丰富的经济相对落后地区设置较高的经济增速，促进区域协同发展的同时缩小地区间经济差异，推动共同富裕目标实现 | | |

## 5.5.2 粤港澳大湾区城市未来生产端和消费端碳排放预测

### 5.5.2.1 生产端未来碳排放

本章选取粤港澳大湾区三个典型城市——广州、佛山、肇庆，通过LEAP模型预测各城市2019—2035年生产端碳排放变化情况，如图5-10、图5-11、图5-12所示。在绝大部分情景下，三个城市均可在2030年前达峰。其中强化低碳-低增长情景是实现碳排放达峰时间最早的情景（达峰时间均为2020年）。相比之下，达峰时间最晚情景则会在不同城市间呈现较小的差异，广州碳达峰时间最晚的是低碳-高增长情景（2030年），佛山为基准-中增长情景（2029年），肇庆为基准-低增长情景（2030年）。此外，由于经济社会发展规模、能源消费规模及结构方面的不同，各城市间的碳排放峰值也有巨大差异。广州碳排放峰值为61.95～80.46兆吨，佛山碳排放峰值为34.41～40.03兆吨，肇庆碳排放峰值为22.22～26.07兆吨。总体来看，城市社会经济发展水平高会增加碳排放峰值并延后达峰时间，相反，减排程度的加强则将降低排放量峰值并使达峰时间提前。

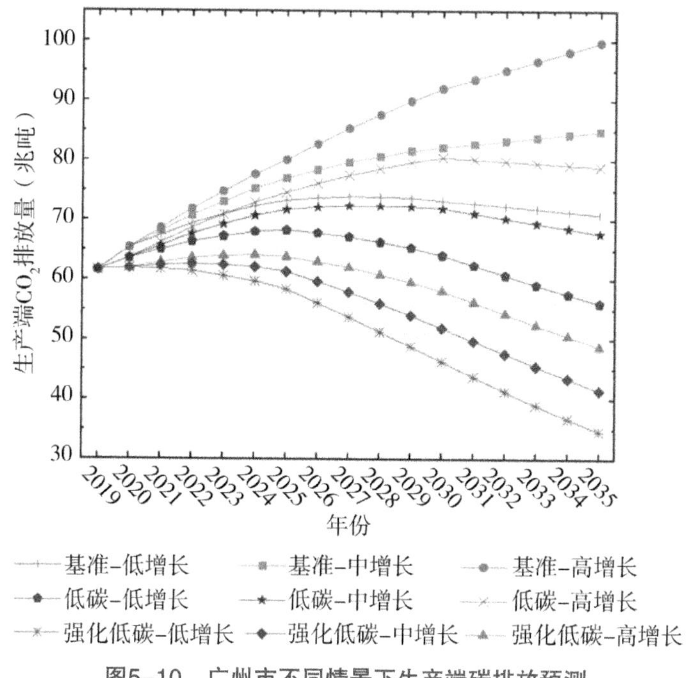


图5-10 广州市不同情景下生产端碳排放预测

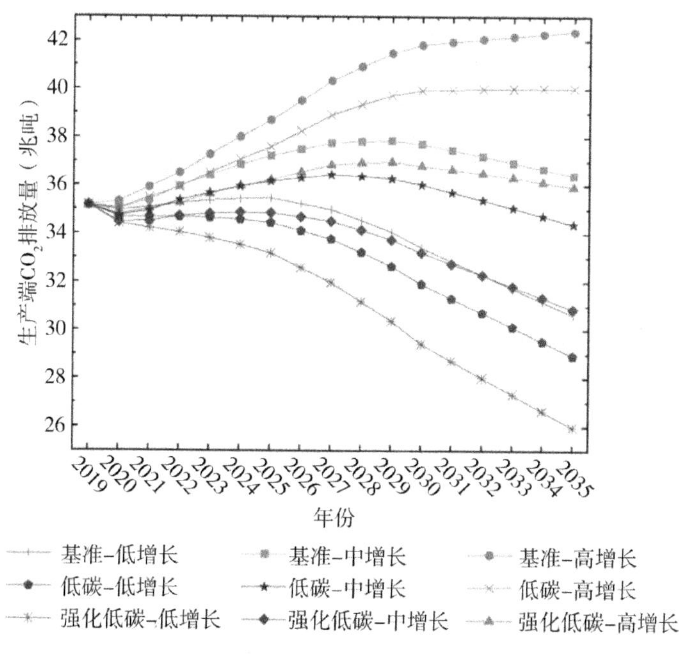


图5-11 佛山市不同情景下生产端碳排放预测

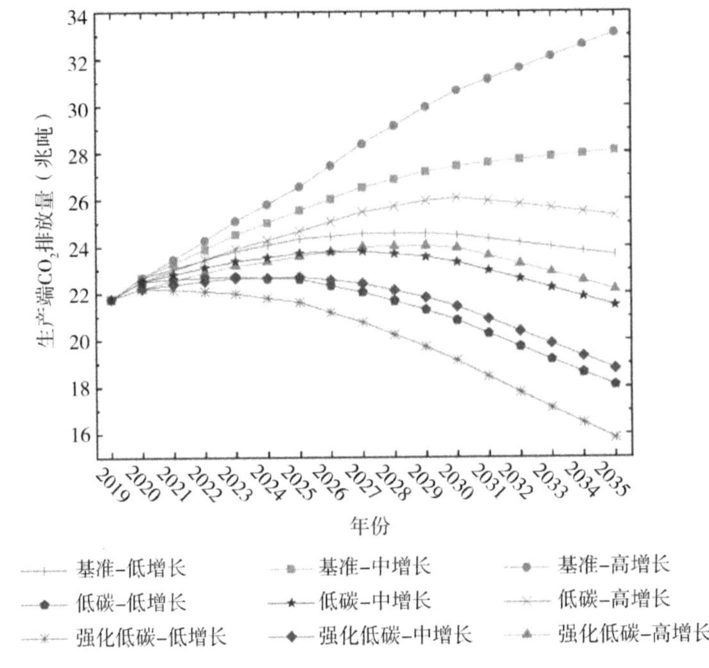


图5-12　肇庆市不同情景下生产端碳排放预测

如表5-5所示，在达峰时间方面，基准情景下，佛山＜广州＜肇庆；在强化低碳情景下，广州＞佛山＞肇庆。而在所有情景下，碳排放峰值广州＞佛山＞肇庆。整体而言，广州和佛山具有较好的达峰潜力，二者基本能在2030年前完成达峰的目标；而肇庆整体达峰时间较晚，在基准情景下，碳排放强度仅下降17%，实现碳达峰难度较高。广州虽达峰时间较早，但排放量较高，且不同情景下广州的碳排放峰值变化较大，对粤港澳大湾区实现碳达峰具有较大的影响。

表5-5　不同情景下各城市碳排放达峰时间及峰值

| 情景 | 肇庆 | | 佛山 | | 广州 | |
|---|---|---|---|---|---|---|
| | 达峰时间（年份） | 碳排放峰值（兆吨） | 达峰时间（年份） | 碳排放峰值（兆吨） | 达峰时间（年份） | 碳排放峰值（兆吨） |
| 基准-低增长 | 2030 | 26.07 | 2025 | 35.45 | 2027 | 73.90 |

续表 5-5

| 情景 | 肇庆 | | 佛山 | | 广州 | |
|---|---|---|---|---|---|---|
| | 达峰时间（年份） | 碳排放峰值（兆吨） | 达峰时间（年份） | 碳排放峰值（兆吨） | 达峰时间（年份） | 碳排放峰值（兆吨） |
| 基准–中增长 | >2035 | — | 2029 | 37.85 | >2035 | — |
| 基准–高增长 | >2035 | — | >2035 | — | >2035 | — |
| 低碳–低增长 | 2023 | 22.71 | 2022 | 34.68 | 2025 | 68.25 |
| 低碳–中增长 | 2027 | 23.81 | 2027 | 36.43 | 2027 | 72.34 |
| 低碳–高增长 | 2029 | 24.57 | 2034 | 40.03 | 2030 | 80.46 |
| 强化低碳–低增长 | 2020 | 22.22 | 2020 | 34.41 | 2020 | 61.95 |
| 强化低碳–中增长 | 2025 | 22.70 | 2024 | 34.86 | 2022 | 62.62 |
| 强化低碳–高增长 | 2029 | 24.03 | 2028 | 36.96 | 2024 | 64.06 |

在不同发展路径中选择最优路径的首要一点是能够实现2030年全国碳排放达峰的目标。此外，在设定减排路径时应同时保证经济社会发展的速度与质量，综合考虑各城市低碳减排程度的预期目标及潜在能力，不能为了实现减排目标而牺牲经济发展水平，否则将不利于各城市未来可持续发展。

基于上述标准及各城市“十四五”规划目标，广州可在低碳–中增长、低碳–高增长和强化低碳–中增长、强化低碳–高增长的情景中选择较优路径。在此情景下，广州作为粤港澳大湾区经济社会发展规模较大、技术水平相对较高的城市，具有比其他城市更大的减排潜力，理应在粤港澳大湾区中率先实现碳达峰，因此应考虑未来在广州实施强化低碳政策。在当前经济新常态的背景下，广州在产业和能源转型的需求下未来维持中速发展可在2022年前后达峰，碳排放对应达峰预测值为仅为62.62兆吨，低于其他大部分情景。得益于更为严格的低碳转型和发展政策，能源结构与产业结构均实现巨大的改善，其中煤炭消费占比和高耗能行业（电力、热力、燃气及水生产和供应业）的比例将分别降至5%和7%。

佛山可在基准–中增长、低碳–中增长和强化低碳–中增长、强化低碳–高增长的情景中选择较优路径。考虑到强化低碳情景下对能效和能源利用技术提升具有较高的要求，作为工业占比较重且经济发展依赖大量能耗的城市，佛山未来的减排潜力依然巨大；同时，该城市的经济社会发展和技术水平在粤港澳大湾区中相对并不突出，因而未来同时保证严格执行强化低碳的政策和一定速度的经济增长并不现实，但佛山仍须保证在2030年前实现碳达峰。此外，在这些达峰情景下各城市相应的碳排放峰值之间差别不大，佛山可在2027年达峰，碳排放峰值预计为36.43兆吨，城市的煤炭消费和高耗能行业（电力、热力、燃气及水生产和供应业）的占比分别将降至23%和8%，各项经济社会指标稳步快速地发展，人均GDP预计将在2025年达14.39万元，人口规模缓慢增加并趋于稳定。

肇庆可在低碳–中增长、低碳–高增长和强化低碳–中增长、强化低碳–高增长四种情景下选择较优达峰路径。由于在粤港澳大湾区中肇庆整体经济社会发展水平较低，工业和服务业规模均较小，未来仍有巨大的发展需求；同时该城市的总体和人均碳排放量也相对较低，但其森林资源丰富，碳抵消潜力较大。对比广州、深圳、佛山等城市，肇庆的发展还相对滞后，在未来粤港澳大湾区实现共同富裕的目标下，应对该城市设置相对宽松的发展环境条件。在该情景下，肇庆仍可在2030年前实现碳达峰，与此同时经济社会得到快速发展，人均GDP可在2025年达7.64万元/人，人口规模进一步扩

大，城市的煤炭消费和高耗能行业（电力、热力、燃气及水生产和供应业）的占比将可能分别降至39%和18%。

#### 5.5.2.2 消费端未来碳排放

如图5-13、图5-14、图5-15所示，肇庆与佛山消费端碳足迹达峰情况与生产端相似，分别除基准-高增长、基准-中增长情景以及基准-高增长、低碳-高增长情景外，其他情景均可在2030年前达峰，但广州消费端碳足迹在九种情境下均无法在2035年前实现达峰。肇庆与佛山消费端碳足迹达峰时间最早与最晚的情景同样与生产端一致。佛山消费端碳足迹峰值为85.80～93.39兆吨，肇庆消费端碳足迹峰值为24.36～28.58兆吨。与生产端相比，广州与佛山消费端碳足迹达峰情况受经济增长速度的影响更显著，消费端碳足迹变化曲线随经济增长速度设置的变化呈现出明显分层，而广州消费端碳足迹曲线的分层现象较佛山更为显著，说明经济发展速度是广州未来消费端碳足迹的决定性因素。

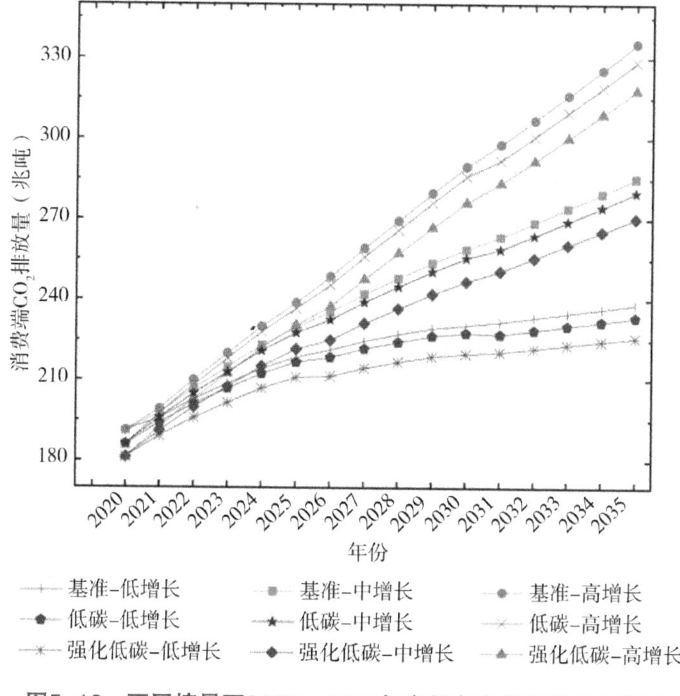


图5-13 不同情景下2020—2035年广州市消费端碳足迹预测

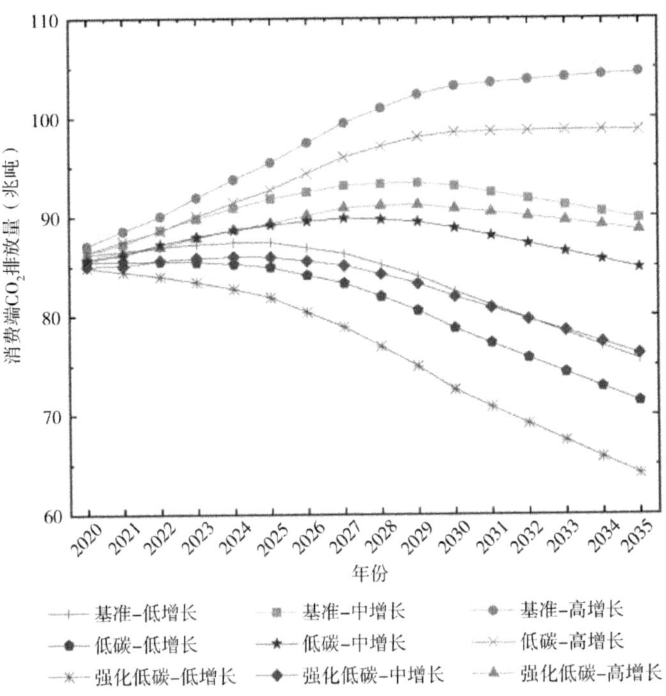


图5-14　不同情景下2020—2035年佛山市消费端碳足迹预测

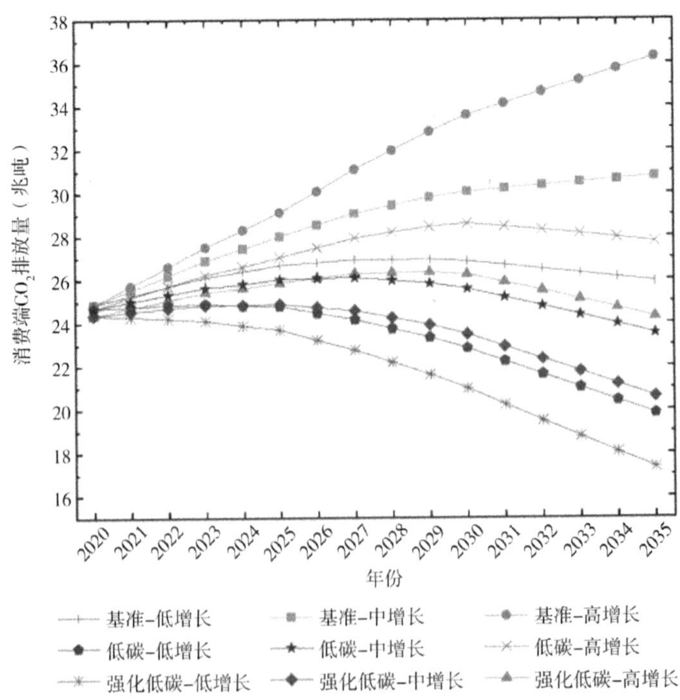


图5-15　不同情景下2020—2035年肇庆市消费端碳足迹预测

### 5.5.3 粤港澳大湾区城市未来碳减排责任分配预测

在社会经济发展情景中，由于经济中速发展情景较符合“十四五”规划要求，本研究重点分析广州、佛山、肇庆三个城市在基准-中增长情景、低碳-中增长情景和强化低碳-中增长情景下2025年、2030年、2035年的减排责任分配情况，具体分配情况如图5-16与图5-17所示。

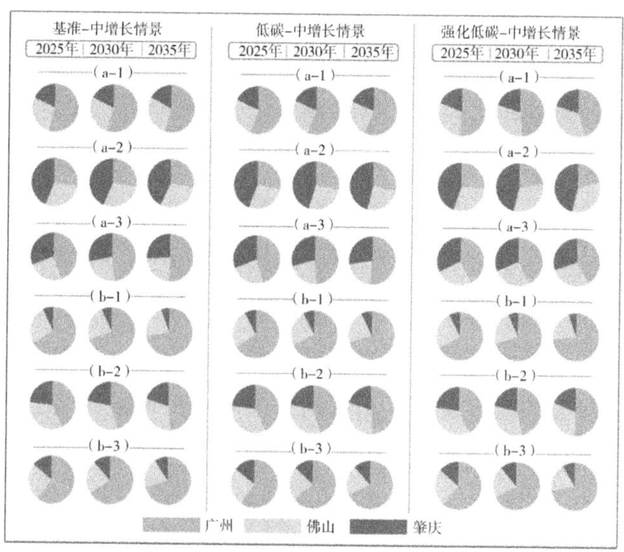


图5-16　不同情景下广州、佛山、肇庆未来碳减排责任分担情况

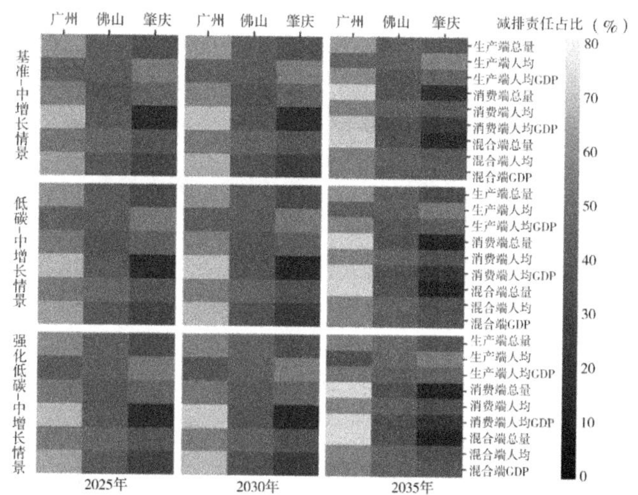


图5-17　多准则下广州、佛山、肇庆未来碳减排责任划分图谱

这三个城市中，从生产端、消费端总量角度，广州须承担的减排责任最大，肇庆承担的减排责任最小。在生产端人均的准则下，肇庆须承担的减排责任最大，这可能是因为肇庆的能源强度较大。而在消费端视角下的人均和单位GDP准则下，广州须承担最大的责任，大于其他两个城市。

未来随着低碳政策力度的加强，在生产端总量、生产端人均及生产端单位GDP准则下，由于广州产业结构转型加快、能源结构改善力度加大，所承担的减排责任逐渐降低。而佛山产业结构以工业为主，转型较慢，所承担的责任有所上升。肇庆在上述三种准则下，减排责任仅有微小波动。在消费端总量、消费端人均和消费端单位GDP准则下，广州承担的碳减排责任呈上升趋势。而肇庆在消费端及相关准则下所承担的碳减排责任逐渐降低，佛山基本不变。

在相同发展政策情景下，随着年份的增加，广州、佛山、肇庆在总体生产端准则下所承担的减排责任基本不变，而在消费端准则下，广州承担的减排责任逐渐升高，未来需更加重视消费端碳足迹的控制。从生产端人均和消费端人均角度，三个城市承担的减排责任变化不大；但从生产端单位GDP和消费端单位GDP（强度）的角度，肇庆承担的减排责任逐渐下降而广州呈升高的趋势，佛山基本保持不变。综合来看，由于各城市在发展、技术及排放特征等方面的差异，不同准则下各城市的减排责任也呈现一定的异质性，其中经济体量巨大的城市（如广州）始终承担着较高的减排责任，未来应进一步构建一套综合考量排放总量、单位GDP排放量等方面的城市减排责任划分方法，并识别在区域内制订碳排放总量和强度“双控”目标及措施时应重点关注的对象。

## 5.6 本章小结

粤港澳大湾区整体经济发展速度和质量走在全国的前面，但其区域发展不均衡导致的减排路径差异较大的问题须引起重视。其中，碳减排责任分担便是与城市间发展阶段和资源禀赋差异紧密相

关的。本章构建多视角、多指标和碳源碳汇综合考虑下的城市碳减排责任划分准则，评估粤港澳大湾区各城市的历史减排责任，并基于不同政策情境分析，预测案例城市未来碳达峰路径与减排责任演变。

主要结论如下：

（1）从生产端人均的角度，广东、深圳、香港等地所承担的减排责任较大，而从消费端人均的角度，香港所须承担的减排责任最为突出，广州、深圳次之。由此可见，不同准则下现在和未来的减排责任划分结果差异均很明显。

（2）林业碳汇抵消作用在粤港澳大湾区城市间呈现较强的异质性，在部分生态资源丰富的城市（如肇庆），其相应林业碳汇对排放的抵消作用较为突出，在考虑城市间减排责任划分时需要适当考虑可交易林业碳汇资源的差异。

（3）在本章设置的减排情景下，广州、佛山、肇庆均可如期实现碳达峰目标。广州、佛山、肇庆这三个城市在2025—2035年的减排责任划分中，广州所须承担的减排责任始终最高，但随着低碳政策力度的加强、产业结构和能源结构转型加快，其减排责任将有所降低。

# 第 6 章

# 城市及城市群资源利用碳达峰、碳中和政策建议

**本章概要**

本章基于对城市与城市群的碳排放现状、碳代谢模式和未来减排路径的分析结果，从产业调整、能源结构、责任分担、协同发展、平台创新等方面提出未来低碳发展的政策建议，以促进资源高效利用和碳减排目标的协同实现，助力绿色循环城市建设和经济高质量发展。

如今，气候变化作为人类社会的重要议题，受到空前关注。气候变化问题产生于城市工业化发展进程中，同时也影响着城市生活、生产的方方面面。城市作为国家建设和人民生活的基本单元，是国家行政、社会生产、经济发展的重要载体，也是气候变化的重要责任主体和实施单元，应当为温室气体减排做出应有贡献。当然，由于国际贸易和跨区域贸易的影响，单个城市的能源和工业减碳的表现不止产生本地影响，也产生跨区域影响，从而波及更加广泛的范围（如城市群、国家及区域）。因此，约束温室气体的排放范围往往需要超出城市的行政边界。在全球范围内，以城市作为重要的单元，辐射更大区域，贯通各层面的减排目标、行动计划与责任分担有重要意义。

基于前面的研究结果，本章从多个发展层面与领域提出相关政策建议，概括为四个方面（图6-1）：连通城市生产和消费各环节，加强区域全产业链碳排放管理；从供给和需求端同步优化能源结构，确保城市生活生产能源安全；建立城市间减排责任分担机制，有效管理跨区碳泄漏和林业碳汇；建立零碳基础技术协作机制，搭建排放监测与交易管理平台。

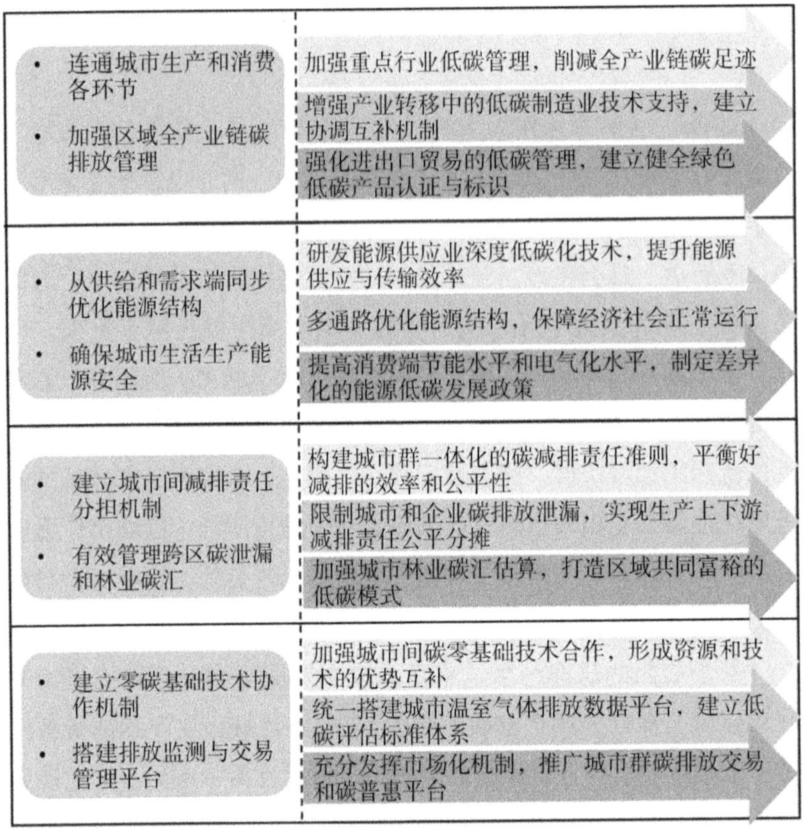

| | |
|---|---|
| • 连通城市生产和消费各环节<br>• 加强区域全产业链碳排放管理 | 加强重点行业低碳管理，削减全产业链碳足迹<br>增强产业转移中的低碳制造业技术支持，建立协调互补机制<br>强化进出口贸易的低碳管理，建立健全绿色低碳产品认证与标识 |
| • 从供给和需求端同步优化能源结构<br>• 确保城市生活生产能源安全 | 研发能源供应业深度低碳化技术，提升能源供应与传输效率<br>多通路优化能源结构，保障经济社会正常运行<br>提高消费端节能水平和电气化水平，制定差异化的能源低碳发展政策 |
| • 建立城市间减排责任分担机制<br>• 有效管理跨区碳泄漏和林业碳汇 | 构建城市群一体化的碳减排责任准则，平衡好减排的效率和公平性<br>限制城市和企业碳排放泄漏，实现生产上下游减排责任公平分摊<br>加强城市林业碳汇估算，打造区域共同富裕的低碳模式 |
| • 建立零碳基础技术协作机制<br>• 搭建排放监测与交易管理平台 | 加强城市间碳零基础技术合作，形成资源和技术的优势互补<br>统一搭建城市温室气体排放数据平台，建立低碳评估标准体系<br>充分发挥市场化机制，推广城市群碳排放交易和碳普惠平台 |

图6-1　主要政策建议图示

## 6.1　连通城市生产和消费各环节，加强区域全产业链碳排放管理

当前，我国城市群仍处于经济社会快速发展、产业规模和城市人口不断增加的阶段。想要在维护经济社会发展的同时稳步推进碳减排工作，基于消费端的碳核算为此提供了一个重要的补充性视角。鉴于建筑业和服务业是城市消费端碳足迹中的重要行业，针对这些部门的排放控制是建设低碳城市和循环经济的关键。同时，调整能源密集型和碳密集型产业的比例，引导传统产业向绿色低碳转型，从全产业链的视角促进区域协同减排也是题中之义。

### 6.1.1　加强重点行业低碳管理，削减全产业链碳足迹

在未来城市建设进程中，为减少建筑业消费端碳足迹，应合理规划和控制建筑活动，推进建筑材料如水泥等制造业的绿色转型，从源头降低建筑业能耗与排放。对于依赖进口的城市，如香港，可以考虑推动进口来源多样化，鼓励引进及使用低碳密集型材料和与清洁燃料组合的水泥、钢铁等材料。服务业在城市产业转型进程中的比重持续升高，驱动大量本地与跨区域的电力与服务产品需求，应采取相应的激励措施，吸引新技术来改革传统服务业，降低产品生产碳强度和电力碳密集度。由于城市服务业具有明显的"区域外溢"效应，应促进服务业跨区域产业链减碳合作，加快商贸流通、信息服务等绿色转型，提升服务业低碳发展水平。此外，纺织业作为粤港澳大湾区支柱产业，应提升纺织品生产技术，减少对高能耗中间化学品的消费和使用。

### 6.1.2　增强产业转移中的低碳制造业技术支持，建立协调互补机制

产业结构调整的实质是推动经济社会可持续发展，促进高附加值产业发展，限制高能耗、高污染产业。发达地区的发展已经处于从以第二产业为主导的经济社会向以第三产业为主导转型的阶段，而相对欠发达地区的发展仍对污染密集型产业有较大依赖。以粤港澳大湾区为例，虽然总体上第三产业占比达到60%以上，但区域间差异较大，珠三角各城市仍高度依赖工业经济、电子、进出口贸易、批发和零售业等劳动密集型产业。在产业结构调整方面，第一，可以考虑将珠三角地区的部分工业向东西两翼和山区地区进行产业梯度转移，利用优势互补缩小各区域间的差距，同时增强对被转移地区的低碳制造业技术支持；第二，促进电气与机械、纺织业等高耗能、高污染行业的绿色转型，注重在先进材料、高端装备制造、新能源等战略性新兴产业方面的投入，在保障关键特色制造业发展的同时，提高现代绿色服务业比例；第三，须明晰粤港澳大湾

区各产业实现碳达峰、碳中和的难度和时间点差异，建立起产业间协调互补机制，制订相应碳达峰、碳中和专项规划。

### 6.1.3 强化进出口贸易的低碳管理，建立健全绿色低碳产品认证与标识

由于粤港澳大湾区经济的高度开放性和港口经济的显著作用，湾区本身的消费端碳足迹很大一部分来源于湾区之外（国内其他区域和国外）。各城市除应提高自身发展质量和绿色技术外，也应设定进出口贸易的低碳管理目标，激励绿色消费，考虑对高碳产品实施更严格的规制，加快向“净零碳”城市转型。第一，政府应准确掌握企业的碳排放情况和减排进展，通过供应链上各地区企业增加值和低碳水平来确定碳减排责任，补足全供应链中的碳减排短板；第二，相关部门也应根据碳排放情况和减排能力制订科学的碳配额总量，完善碳排放权交易市场，促进碳排放权交易的协同合作、区域联动，探索自愿性碳交易市场；第三，鼓励企业大力生产绿色产品和增加绿色供应链，建立健全绿色低碳产品认证与标识，抵消来自欧美国家的碳边境调节机制等“碳关税”的影响。

## 6.2 从供给和需求端同步优化能源结构，确保城市生活生产能源安全

能源转型进展决定全社会各行业的减排成效。城市规模扩张、人口数量增长和经济社会发展导致能源需求量持续攀升，能源生产供应与能源消费是碳减排的重要基础领域。基于研究结果，笔者认为应推动能源供应端的低碳技术研发，多通路优化能源结构，提升能源供应效率，丰富区域新能源消费场景，同时保障城市正常生活生产用能。

### 6.2.1 研发能源供应业深度低碳化技术，提升能源供应与传输效率

对于能源供应主导生产结构的城市，需要加强对能源的采掘、

生产和供应过程的管理和控制，促进能源供应业技术进步，以降低能源消费相关的城市碳足迹。具体建议措施包括：第一，提高煤炭、石油、天然气等的清洁高效利用率，煤炭的分级、分质梯级利用，研发煤炭深度低碳化利用技术；第二，转变煤炭使用方式，着力提高煤炭集中高效发电比例，淘汰落后低效产能，提高煤电机组准入标准；第三，提高电网对于风、光等新能源的消纳能力，构建清洁电力传输系统，提升电力传输效率。

### 6.2.2 多通路优化能源结构，保障经济社会正常运行

粤港澳大湾区处于能源供应链末端，是能源利用大户，而火电在最终能源消费中所占比例依然较高，与其他国际湾区相比仍存在一定差距。相比于土地资源更丰富，日照时长更长、强度更大的西部地区，粤港澳大湾区在风电、光伏发电所需要的资源禀赋和地理位置方面不具备优势，在可再生能源发展上存在现实瓶颈和挑战。未来，其不仅要积极开发海上风电，还要开拓外部清洁能源供应渠道。能源结构的调整和优化应在保证经济社会稳定发展的前提下分阶段推进，尽量降低对企业正常生产经营活动造成的影响，降低经济社会运行风险。具体建议措施包括：第一，要解决能源发展不平衡、不协调的问题，在实施“煤改气”“煤改电”基础上，还需增加风能、太阳能及生物质能等清洁能源的利用率，促使能源消费结构逐步合理化；第二，依托“一带一路”倡议和粤港澳大湾区建设，打造能源储备基地，推动粤港澳大湾区内天然气主干管网融合。

### 6.2.3 提高消费端节能水平和电气化水平，制定差异化的能源低碳发展政策

工业与服务业的能源消费均是粤港澳大湾区碳排放的主要来源之一，在经济及城市化规模不断扩大、居民生活消费水平不断攀升的背景下，其能源消费总量有缓慢增长的势头，因此需要继续加快能源消费系统的脱碳。具体建议措施包括：第一，应加快

对粤港澳大湾区能源消费系统的升级，提高消费端节能水平，加强电气化改造，降低电力系统的碳排放强度；第二，制定能源消费低碳发展政策时，应综合考量粤港澳大湾区区内各城市经济、技术、能耗等规模差异较大的现实，针对较发达城市（如广州、香港等）设置相对严格的碳排放总量与碳排放强度的“碳双控”目标，针对经济发展需求较大但技术相对滞后的地区（如肇庆、江门等），可考虑适当提供一些发展的弹性，以碳排放强度控制为主逐步过渡到“碳双控”。

## 6.3 建立城市间减排责任分担机制，有效管理跨区碳泄漏和林业碳汇

贸易区域化和全球化进程推动了跨区域生产消费关系与产业链的形成，导致碳排放存在明显的区域外溢现象，从而对核算不同地区和行业碳排放、建立公平合理的碳减排责任分担机制造成困难。对此，相关部门应进一步构建合理公平的碳减排责任划分准则，将林业碳汇估算纳入考量，界定未来城市间的减排责任分担，并探索限制碳排放外溢、管理跨区域林业碳汇交易的机制。

### 6.3.1 构建城市群一体化的碳减排责任划分准则，平衡好减排的效率和公平性

一个城市群、城市、行业或企业基于不同视角（如生产端、消费端和控制端等）的碳排放核算可能存在明显的差异。同时，综合社会因素（如人均排放量）和经济因素（如单位GDP排放量）下的减排责任划分也存在较大差异，这是城市发展水平、产业结构和居民收入等差异导致的。为了最大化实现城市低碳可持续发展目标，城市应从多个视角核算碳排放，并综合多个经济社会指标，确定碳减排责任划分准则，从粤港澳大湾区一体化发展的角度来统筹划分碳减排责任。未来的两个五年计划是粤港澳大湾区城市（除已经或者接近达峰的港澳地区以外）碳达峰的关键时期，应平衡好减排的

效率和公平性，压实责任到部门具体环节，从而提高地方减碳的积极性和能动性。

### 6.3.2 限制城市和企业碳排放泄漏，实现生产上下游减排责任公平分摊

为实现不同城市和企业间的减排责任的公平分担，识别城市间的“区域外溢”效应也十分重要。历史经验提醒我们，无管制的污染产业转移可能带来不可逆的资源环境损失。未来城市重点企业在转移外包过程中，应建立健全产业转移协调机制，发挥头部企业和企业总部的节能减排辐射效应，严格审核产业转移项目，提高企业准入的低碳标准，限制高能耗、高碳排的企业入境；产业上下游城市应当共同核算碳排放外溢量，根据此给予承接外包地区绿色技术支持，以技术扩散抵消污染外溢的影响。

### 6.3.3 加强城市林业碳汇估算，打造区域共同富裕的低碳模式

林业碳汇项目是基于“自然解决方案”应对气候变化的重要实施手段。虽然林业碳汇抵消作用有效，但从区域减排公平、经济均衡发展和生态补偿的视角，挖掘碳汇交易潜力对城市群低碳可持续发展仍有重要意义。在粤港澳大湾区，林业碳汇抵消效应在城市间分布呈现较高的异质性，其中肇庆等城市拥有较多的林业资源，具有开发林业碳汇基地的潜力。为增强林业碳汇对城市碳中和的作用，应基于林业碳汇交易方法学，明确各城市的林业碳汇抵消潜力，健全天然林与人工林碳汇监测体系，完善林业碳汇核算机制，进一步评估城市碳排放与林业碳汇抵消潜力间的“净排放量”，科学界定区域碳转移责任和综合减排责任。此外，还可以考虑提升红树林种植、近海养殖等碳汇产品开发潜力，构建“生态产业化、产业生态化”碳汇项目发展新格局，打造区域共同富裕的低碳模式。

## 6.4 建立零碳基础技术协作机制，搭建排放监测与交易管理平台

### 6.4.1 加强城市间零碳基础技术合作，形成资源和技术的优势互补

由于气候变化效应的广泛性和复杂性，我们应开展更多面向科学研究、技术研发及更多跨学科、跨领域的国际科技合作，推动城市层面的绿色低碳经济转型和气候变化适应。目前，国内不同城市群及城市间的发展阶段、排放体量与碳足迹特征均存在较大差异，应建立起碳转出地和转入地间的零碳技术协作机制。具体建议措施包括：第一，加强低碳建筑材料和低碳工业原料研发，推动低碳工业流程再造和重点领域效率提升等减排关键技术开发，实现全产业链/跨产业低碳与零碳技术的集成和耦合；第二，研发生物固碳及碳捕存、利用和储存等碳吸收技术，配套抵消部分保障性化石能源项目碳排放；第三，建立城市群一体化的减污降碳协同机制，鼓励异地合作技术共享。

### 6.4.2 统一搭建城市温室气体排放数据平台，建立低碳评估标准体系

统一的评估基础在全球减排合作中也非常重要，这将有助于准确判断各城市当前实现气候目标的进程与相关政策的实施效果，为政府制订减排路线图和时间表提供强有力的科学依据。未来仍须尽快“摸清家底”，率先建立起城市尺度的排放数据平台和评估体系，获取气候变化应对的“第一手”数据。目前，中国学者在城市温室气体排放数据平台研发上已有一定的基础。例如，清华大学牵头创建的中国碳核算数据库建立了中国省市级尺度的能源消费和碳排放清单；中国城市温室气体工作组建立了中国高空间分辨率温室气体排放网格数据；由生态环境部环境规划院、北京师范大学和中山大学联合建立的中国产品全生命周期温室气体排放系数库，等

等。未来仍需加强“双碳”目标指导下的温室气体排放数据与智慧监控系统的研发，突破城市与城市群尺度的数据和技术瓶颈。

### 6.4.3 充分发挥市场化机制，推广城市群碳排放交易和碳普惠平台

目前国内已建立多个“双碳”研究与教学平台，奠定了重要的学科基础，但仍须做好产学研服务的引导和管理。比如，生产端、消费端和控制端的碳足迹核算如何与企业参与碳排放交易相结合，未来园区和企业的碳达峰、碳中和路径预测和责任认定如何实现智能化与机制化，如何建立林业碳汇等自然生态产品的交易平台。具体建议措施包括：第一，建立更加健全的碳排放权交易机制，纳入更多重点领域和企业，积极整合广东、深圳现有碳排放权交易资源，促进港澳与内地各城市碳排放权交易的协同合作、区域联动；第二，构建一体化的林业碳汇交易机制，通过核证自愿减排量（CCER）、碳普惠等交易平台促进生态资源的保护与生物碳汇项目的开发，搭建碳汇跨区域交易的管理平台，助力粤港澳大湾区走上共同富裕的绿色低碳之路。

# 参考文献


［1］毕军，刘凌轩，张炳，等．中国低碳城市发展的路径与困境［J］．现代城市研究，2009，24（11）：13-16.

［2］陈绍晴，龙慧慧，陈彬．代谢视角下的城市低碳表现评估［J］．中国科学：地球科学，2021，51（10）：1693-1706.

［3］陈绍晴，吴俊良．粤港澳大湾区消费端碳排放评估与“双碳”政策探讨［J］．区域经济评论，2022（2）：60-66.

［4］杨驿访，于洋．城市绿色创新协同发展的最佳实践（一）：旧金山湾区［EB/OL］．（2017-08-03）［2022-09-06］．http：//www.cbnri.org/news/5325867.html.

［5］丛建辉，常盼，刘庆燕．基于三维责任视角的中国分省碳排放责任再核算［J］．统计研究，2018，35（4）：41-52.

［6］耿涌，董会娟，郗凤明，等．应对气候变化的碳足迹研究综述［J］．中国人口·资源与环境，2010，20（10）：6-12.

［7］广东省生态环境厅关于印发《广东省市县（区）温室气体清单编制指南（试行）》的通知［EB/OL］．（2020-06-16）［2022-09-06］．http：//gdee.gd.gov.cn/shbtwj/content/post_3019513.html.

［8］洪志超，苏利阳．国外城市碳中和策略及对我国的启示［J］．环境保护，2021，49（16）：68-71.

［9］孔锋．新时代国家发展战略下中国应对气候变化的透视［J］．北京师范大学学报（自然科学版），2019，55（3）：389-394.

［10］李才．全球生产侧和消费侧的碳排放趋势及收敛性分析［D］．武汉：武汉大学，2020.

[11] 李海英. 基于可比价IO-SDA模型的我国二氧化碳强度研究[D]. 成都：西南财经大学，2014.
[12] 梁赛，王亚菲，徐明，等. 环境投入产出分析在产业生态学中的应用[J]. 生态学报，2016，36（22）：7217-7227.
[13] 林伯强，孙传旺. 如何在保障中国经济增长前提下完成碳减排目标[J]. 中国社会科学，2011（1）：64-76.
[14] 林剑艺，孟凡鑫，崔胜辉，等. 城市能源利用碳足迹分析：以厦门市为例[J]. 生态学报，2012，32（12）：3782-3794.
[15] 刘源，李向阳，林剑艺，等. 基于LMDI分解的厦门市碳排放强度影响因素分析[J]. 生态学报，2014，34（9）：2378-2387.
[16] 刘竹，耿涌，薛冰，等. 城市能源消费碳排放核算方法[J]. 资源科学，2011，33（7）：1325-1330.
[17] 潘家华. 新型城镇化道路的碳预算管理[J]. 经济研究，2013，48（3）：12-14.
[18] 彭水军，张文城，孙传旺. 中国生产侧和消费侧碳排放量测算及影响因素研究[J]. 经济研究，2015，50（1）：168-182.
[19] 新华社. 日本通过2050年碳中和法案[EB/OL].（2021-05-31）[2022-09-06]. http://www.cgpnews.cn/articles/56523.
[20] 沈利生. 最终需求结构变动怎样影响产业结构变动：基于投入产出模型的分析[J]. 数量经济技术经济研究，2011，28（12）：82-95.
[21] 孙建卫，陈志刚，赵荣钦，等. 基于投入产出分析的中国碳排放足迹研究[J]. 中国人口·资源与环境，2010，20（5）：28-34.
[22] 汪燕，王文治，马淑琴. 中国省域间碳排放责任共担与碳减排合作[J]. 浙江社会科学，2020（1）：40-51.
[23] 王利宁，陈文颖. 全球2 ℃温升目标下各国碳配额的不确定

性分析［J］．中国人口·资源与环境．2015，25（6）：30–36.

［24］王玲．经济发展方式变化对中国碳排放强度的影响［J］．现代经济信息，2016，15（15）：35.

［25］王少剑，莫惠斌，方创琳．珠江三角洲城市群城市碳排放动态模拟与碳达峰［J］．科学通报，2022，67（7）：670–684.

［26］王文治．中国省域间碳排放的转移测度与责任分担［J］．环境经济研究，2018，3（1）：19–36.

［27］夏明．转轨以来中国经济结构转变的实证分析［J］．统计研究，2002（2）：16–18.

［28］肖兰兰．后巴黎时代全球气候治理结构的变化与中国的应对策略：基于美国退出《巴黎协定》的分析［J］．理论月刊，2020（3）：45–55.

［29］杨超，吴立军，李江风，等．公平视角下中国地区碳排放权分配研究［J］．资源科学，2019，41（10）：1801–1813.

［30］尹丽春，姜春林，殷福亮，等．基于CSCD和SCI的跨省区科学合作网络可视化分析［J］．图书情报工作，2007（8）：62–64.

［31］张国兴，叶亚琼，管欣，等．京津冀节能减排政策措施的差异与协同研究［J］．管理科学学报，2018，21（5）：111–126.

［32］张琦峰，方恺，徐明，等．基于投入产出分析的碳足迹研究进展［J］．自然资源学报，2018，33（4）：696–708.

［33］张小标．中国木质林产品碳收支与碳减排贡献［D］．南京：南京林业大学，2019.

［34］郑敏嘉，赵静波，钟式玉，等．粤港澳大湾区能源体系建设的国际经验借鉴探讨［J］．能源与节能，2020（5）：24–25.

［35］中国产品全生命周期温室气体排放系数库［EB/OL］.

（2022-02-01）［2022-09-06］. http：//lca.cityghg.com/.

［36］AFIONIS S，SAKAI M，SCOTT K，et al. Consumption-based carbon accounting：Does it have a future?［J］.Wiley Interdisciplinary Reviews：Climate Change，2017，8（1）：e438.

［37］ALI G，PUMIJUMNONG N，CUI S. Decarbonization action plans using hybrid modeling for a low-carbon society：The case of Bangkok Metropolitan Area［J］.Journal of Cleaner Production，2017，168：940–951.

［38］ALLEGRETTI G，MONTOYA M A，BERTUSSI L A S，et al. When being renewable may not be enough：Typologies of trends in energy and carbon footprint towards sustainable development［J］. Renewable and Sustainable Energy Reviews，2022，168：112860.

［39］AMINIPOURI M，KNUDBY A J，KRAYENHOFF E S，et al. Modelling the impact of increased street tree cover on mean radiant temperature across vancouver's local climate zones［J］.Urban Forestry & Urban Greening，2019（39）：9–17.

［40］ASTROM K J.Introduction to stochastic control theory［M］. Massachusetts：Courier Corporation，2012.

［41］BARRETT J，PETERS G，WIEDMANN T，et al. Consumption-based GHG emission accounting：A UK case study［J］.Climate Policy，2013，13（4）：451–470.

［42］BARRETT S.Coordination vs.voluntarism and enforcement in sustaining international environmental cooperation［J］. Proceedings of the National Academy of Sciences，2016，113（51）：14515–14522.

［43］BROWN M A，SOUTHWORTH F，SARZYNSKI A. The geography of metropolitan carbon footprints［J］.Policy and Society，2009，27（4）：285–304.

［44］CAI B，LIANG S，ZHOU J，et al. China high resolution emission database（CHRED）with point emission sources，gridded emission data, and supplementary socioeconomic data [ J ] .Resources, Conservation and Recycling, 2018 ( 129 ) : 232–239.

[ 45 ] CELLURA M, LONGO S, MISTRETTA M. Application of the structural decomposition analysis to assess the indirect energy consumption and air emission changes related to Italian households consumption [ J ] .Renewable & Sustainable Energy Reviews, 2012, 16 ( 2 ) : 1135–1145.

[ 46 ] CHEN G Q, GUO S, SHAO L, et al. Three-scale input-output modeling for urban economy: Carbon emission by Beijing 2007 [ J ] .Communications in Nonlinear Science and Numerical Simulation, 2013, 18 ( 9 ) : 2493–2506.

[ 47 ] CHEN G, WIEDMANN T, WANG Y, et al. Transnational city carbon footprint networks-Exploring carbon links between Australian and Chinese cities [ J ] .Applied Energy, 2016 ( 184 ) : 1082–1092.

[ 48 ] CHEN S, CHEN B, FENG K, et al. Physical and virtual carbon metabolism of global cities [ J ] .Nature Communications, 2020a, 11 ( 1 ) : 182.

[ 49 ] CHEN S, CHEN B. Changing urban carbon metabolism over time: Historical trajectory and future pathway [ J ] .Environmental Science & Technology, 2017 ( 51 ) : 7560–7571.

[ 50 ] CHEN S, CHEN B. Network environ perspective for urban metabolism and carbon emissions: A case study of Vienna, Austria [ J ] .Environmental Science & Technology, 2012, 46 ( 8 ) : 4498–4506.

[ 51 ] CHEN S, CHEN B. Tracking inter-regional carbon flows: A hybrid network model [ J ] .Environmental Science & Technology, 2016, 50 ( 9 ) : 4731–4741.

[ 52 ] CHEN S, CHEN B. Urban energy consumption: Different insights from energy flow analysis, input-output analysis and ecological

network analysis [J].Applied Energy，2015（138）：99–107.

[53] CHEN S，LONG H，CHEN B，et al. Urban carbon footprints across scale：Important considerations for choosing system boundaries [J]. Applied Energy，2020b（259）：114201.

[54] CHEN S，TAN Y，LIU Z. Direct and embodied energy-water-carbon nexus at an inter-regional scale [J].Applied Energy，2019（251）：113401.

[55] COOK-PATTON S C，LEAVITT S M，GIBBS D，et al. Mapping carbon accumulation potential from global natural forest regrowth [J].Nature，2020，585（7826）：545–550.

[56] COX P M，BETTS R A，JONES C D，et al. Acceleration of global warming due to carbon-cycle feedbacks in a coupled climate model [J].Nature，2000，408（6809）：184–187.

[57] CREUTZIG F，BAIOCCHI G，BIERKANDT R，et al. Global typology of urban energy use and potentials for an urbanization mitigation wedge [J].Proceedings of the National Academy of Sciences，2015，112（20）：6283–6288.

[58] Cui H，Wang Z，Yan H，et al. Production-Based and consumption-based accounting of global Cropland Soil Erosion [J].Environmental Science & Technology，2022，56（14）：10465–10473.

[59] DAMSØ T，KJÆR T，Christensen T B. Implementation of local climate action plans：Copenhagen-Towards a carbon-neutral capital [J].Journal of Cleaner Production，2017（167）：406–415.

[60] DAVIS S J，CALDEIRA K. Consumption-based accounting of $CO_2$ emissions [J].Proceedings of the National Academy of Sciences，2010，107（12）：5687–5692.

[61] DAVIS S J，PETERS G P，CALDEIRA K. The supply chain of $CO_2$ emissions [J].Proceedings of the National Academy of Sciences of the United States of America，2011，108（45）：18554–18559.

[62] DEN HARTOG H, SENGERS F, XU Y, et al. Low-carbon promises and realities: Lessons from three socio-technical experiments in Shanghai [J] .Journal of Cleaner Production, 2018 (181): 692–702.

[63] DONG J, LI C, WANG Q. Decomposition of carbon emission and its decoupling analysis and prediction with economic development: A case study of industrial sectors in henan province [J] .Journal of Cleaner Production, 2021 (321): 129019.

[64] DOU X, DENG Z, SUN T, et al. Global and local carbon footprints of city of hong kong and macao from 2000 to 2015 [J] . Resources, Conservation and Recycling, 2021 (164): 105167.

[65] ESSL I, MAUERHOFER V. Opportunities for mutual implementation of nature conservation and climate change policies: A multilevel case study based on local stakeholder perceptions [J] .Journal of Cleaner Production, 2018 (183): 898–907.

[66] EWING B R, HAWKINS T R, WIEDMANN T O, et al. Integrating ecological and water footprint accounting in a multi-regional input-output framework [J] .Ecological Indicators, 2012 (23): 1–8.

[67] FAN J L, HOU Y B, WANG Q, et al. Exploring the characteristics of production-based and consumption-based carbon emissions of major economies: A multiple-dimension comparison [J] .Applied Energy, 2016 (184): 790–799.

[68] FANKHAUSER S, TOL R. On climate change and economic growth [J] .Resource and Energy Economics, 2005 (27) (1): 1–17.

[69] FATH B D. Distributed control in ecological networks [J] . Ecological Modelling, 2004, 179 (2): 235–245.

[70] FENG K, CHAPAGAIN A, SUH S, et al. Comparison of bottom-up and top-down approaches to calculating the water footprints of nations [J] .Economic Systems Research, 2011, 23 (4): 371–385

[71] FENG K，HUBACEK K，SUN L，et al. Consumption-based $CO_2$ accounting of China's megacities：The case of Beijing，Tianjin，Shanghai and Chongqing [J] .Ecological Indicators，2014（47）：26–31.

[72] FENG K，SIU Y L，GUAN D，et al. Analyzing drivers of regional carbon dioxide emissions for China：A structural decomposition analysis [J] .Journal of Industrial Ecology，2012，16（4）：600–611.

[73] FRANCESCO F D，LEOPOLD L，TOSUN J. Distinguishing policy surveillance from policy tracking：transnational municipal networks in climate and energy governance [J] .Journal of Environmental Policy & Planning，2020，22（6）：857–869.

[74] FYSON C L，BAUR S，GIDDEN M，et al. Fair-share carbon dioxide removal increases major emitter responsibility [J] .Nature Climate Change，2020，10（9）：836–841.

[75] FYSON C L，BAUR S，GIDDEN M，et al. Fair-share carbon dioxide removal increases major emitter responsibility [J] .Nature Climate Change，2020，10（9）：836.

[76] GALLEGO B，LENZEN M. A consistent input-output formulation of shared producer and consumer responsibility [J] .Economic Systems Research，2005，17（4）：365–391.

[77] GOLGECI I，MAKHMADSHOEV D，DEMIRBAG M. Global value chains and the environmental sustainability of emerging market firms：A systematic review of literature and research agenda [J] .International Business Review，2021（10）：101857.

[78] GRASSI G，HOUSE J，DENTENER F，et al. The key role of forests in meeting climate targets requires science for credible mitigation [J] .Nature Climate Change，2017，7（3）：220–226.

[79] GRASSI G，HOUSE J，KURZ W A，et al. Reconciling global-

model estimates and country reporting of anthropogenic forest $CO_2$ sinks [J].Nature Climate Change，2018，8（10）：914–920.

[80] GREENBLATT J B，WEI M. Assessment of the climate commitments and additional mitigation policies of the united states [J].Nature Climate Change，2016，6（12）：1090–1093.

[81] GRUBLER A，BAI X，BUETTNER T，et al. Urban Energy Systems，in：Global Energy Assessment Writing [M]. Cambridge：Cambridge University Press，2012.

[82] GUAN D，HUBACEK K，WEBER C L，et al. The drivers of Chinese $CO_2$ emissions from 1980 to 2030 [J].Global Environmental Change，2008，18（4）：626–634.

[83] GUAN D，KLASEN S，HUBACEK K，et al. Determinants of stagnating carbon intensity in China [J].Nature Climate Change，2014，4（11）：1017.

[84] GUAN D，PETERS G P，WEBER C L，et al. Journey to world top emitter：An analysis of the driving forces of China's recent $CO_2$ emissions surge [J].Geophysical Research Letters，2009，36（4）：26.

[85] GUAN J，ZHOU H，DENG L，et al. Forest biomass carbon storage from multiple inventories over the past 30 years in Gansu province，China：Implications from the age structure of major forest types [J]. Journal of Forestry Research，2015，26（4）：887–896.

[86] GURNEY K R，KILKIŞ Ş，SETO K C，et al. Greenhouse gas emissions from global cities under SSP/RCP scenarios，1990 to 2100 [J].Global Environmental Change，2022（73）：102478.

[87] GÜTSCHOW J，JEFFERY M L，GIESEKE R，et al. The primap-hist national historical emissions time series [J].Earth System Science Data，2016，8（2）：571–603.

[88] HAN F，XIE R，LU Y，et al. The effects of urban agglomeration economies on carbon emissions：Evidence from Chinese cities [J].

Journal of Cleaner Production，2018（172）：1096–1110.

［89］HAN M Y，CHEN G Q，MUSTAFA M T，et al. Embodied water for urban economy：A three-scale input-output analysis for Beijing 2010［J］.Ecological Modelling，2015（318）：19–25.

［90］HARRIS N L，GIBBS D A，BACCINI A，et al. Global maps of twenty-first century forest carbon fluxes［J］.Nature Climate Change，2021，11（3）：234–240.

［91］HARRIS S，WEINZETTEL J，BIGANO A，et al. Low carbon cities in 2050? GHG emissions of European cities using production-based and consumption-based emission accounting methods［J］.Journal of Cleaner Production，2020（248）：119206.

［92］HERNÁNDEZ K D，FAJARDO O A. Estimation of industrial emissions in a latin American megacity under power matrix scenarios projected to the year 2050 implementing the leap model［J］.Journal of Cleaner Production，2021（303）：126921.

［93］HOEKSTRA R，VAN DEN B. Structural decomposition analysis of physical flows in the economy［J］.Environmental & Resource Economics，2002，23（3）：357–378.

［94］HOLTZ G，XIA-BAUER C，ROELFES M，et al. Competences of local and regional urban governance actors to support low-carbon transitions：Development of a framework and its application to a case-study［J］.Journal of Cleaner Production，2018（177）：846–856.

［95］HSU A，TAN J，NG Y M，et al. Performance determinants show european cities are delivering on climate mitigation［J］.Nature Climate Change，2020，10（11）：1015–1022.

［96］HU Y，LIN J，CUI S，et al. Measuring urban carbon footprint from carbon flows in the global supply chain［J］.Environmental Science & Technology，2016，50（12）：6154–6163.

[97] HUA F，BRUIJNZEEL L A，MELI P，et al. The biodiversity and ecosystem service contributions and trade-offs of forest restoration approaches [J] .Science，2022，376（6595）：839–844.

[98] HUANG B，XING K，PULLEN S. Life-cycle energy modelling for urban precinct systems [J] .Journal of Cleaner Production，2017（142）：3254e–3268.

[99] International Energy Agency. World Energy Outlook 2012 [R] . Paris：IEA，2012.

[100] Intergovernmental Panel on Climate Change. IPCC Guidelines for National Greenhouse Gas Inventories（Intergovernmental Panel on Climate Change，Hayama，Kanagawa，Japan）[R] . Geneva：IPCC，2006.

[101] JAKOB M，MARSCHINSKI R. Interpreting trade-related $CO_2$ emission transfers [J] .Nature Climate Change，2013，3（1）：19–23.

[102] JAKOB M，WARD H，STECKEL J C. Sharing responsibility for trade-related emissions based on economic benefits [J] .Global Environmental Change，2021（66）：102207.

[103] JIANG J，YE B，XIE D，et al. Provincial-level carbon emission drivers and emission reduction strategies in China：Combining multi-layer LMDI decomposition with hierarchical clustering [J] .Journal of Cleaner Production，2017（169）：178–190.

[104] JIANG Y K，CAI W J，WAN L Y，et al. An index decomposition analysis of China's interregional embodied carbon flows [J] . Journal of Cleaner Production，2015（88）：289–296.

[105] JONES C M，WHEELER S M，KAMMEN D M. Carbon footprint planning：Quantifying local and state mitigation opportunities for 700 california cities [J] .Urban Planning，2018，3（2）：17.

[106] KANDER A，JIBORN M，MORAN D D，et al. National

greenhouse-gas accounting for effective climate policy on international trade［J］.Nature Climate Change，2015，5（5）：431–435.

［107］KENNEDY C，STEINBERGER J，GASSON B，et al. Greenhouse gas emissions from global cities［J］.Environmental Science & Technology，2009，43（19）：7297–7302.

［108］KEOHANE R O，VICTOR D G. Cooperation and discord in global climate policy［J］.Nature Climate Change，2016，6（6）：570–575.

［109］LARSEN H N，HERTWICH E G. The case for consumption-based accounting of greenhouse gas emissions to promote local climate action［J］.Environmental Science & Policy，2009，12（7）：791–798.

［110］LE QUÉRÉ C，JACKSON R B，JONES M W，et al. Temporary reduction in daily global $CO_2$ emissions during the COVID-19 forced confinement［J］.Nature Climate Change，2020，10（7）：647–653.

［111］LE QUÉRÉ C，PETERS G P，FRIEDLINGSTEIN P，et al. Fossil $CO_2$ emissions in the post-COVID-19 era［J］.Nature Climate Change，2021，11（3）：197–199.

［112］LE W，LESHAN J. How eco-compensation contribute to poverty reduction：A perspective from different income group of rural households in Guizhou，China［J］.Journal of Cleaner Production，2020（275）：122962.

［113］LENZEN M，KANEMOTO K，MORAN D，et al. Mapping the structure of the world economy［J］.Environmental Science & Technology，2012a，46（15）：8374–8381.

［114］LENZEN M，MORAN D，KANEMOTO K，et al. Building eora：A global multi-region input-output database at high country and sector resolution［J］.Economic Systems Research，2013，25

(1): 20–49.

[115] LENZEN M, MORAN D, KANEMOTO K, et al. International trade drives biodiversity threats in developing nations [J]. Nature, 2012b, 486 (7401): 109–112.

[116] LENZEN M. Understanding virtual water flows: A multiregion input-output case study of Victoria [J].Water Resources Research, 2009, 45 (9): 102.

[117] LEONTIEF W W. Quantitative input and output relations in the economic systems of the united states [J].The Review of Economics and Statistics, 1936 (18): 105.

[118] LEWIS S L, WHEELER C E, MITCHARD E T A, et al. Restoring natural forests is the best way to remove atmospheric carbon [J].Nature, 2019, 568 (7750): 25–28.

[119] LI J S, XIA X H, CHEN G Q, et al. Optimal embodied energy abatement strategy for Beijing economy: Based on a three-scale input-output analysis [J].Renewable and Sustainable Energy Reviews, 2016 (53): 1602–1610.

[120] LI K, WANG L, WANG Z, et al. Multiple perspective accountings of cropland soil erosion in China reveal its complex connection with socioeconomic activities [J].Agriculture, Ecosystems & Environment, 2022 (337): 108083.

[121] LI X, JIANG X, XIA Y. Exploring fair and ambitious mitigation contributions of asian economies for the global warming limit under the Paris agreement [J].Climate Change Economics, 2022, 13 (1): 2240002.

[122] LI Y, HEWITT C N. The effect of trade between China and the UK on national and global carbon dioxide emissions [J].Energy Policy, 2008, 36 (6): 1907–1914.

[123] LIANG Q M, FAN Y, WEI Y M. Multi-regional input-output model for regional energy requirements and $CO_2$ emissions in

China [ J ] .Energy Policy, 2007, 35 ( 3 ) : 1685–1700.

[ 124 ] LIANG S, FENG Y, XU M. Structure of the global virtual carbon network: Revealing important sectors and communities for emission reduction [ J ] .Journal of Industrial Ecology, 2015, 19 ( 2 ) : 307–320.

[ 125 ] LIANG S, LIU Z, CRAWFORD-BROWN D, et al. Decoupling analysis and socioeconomic drivers of environmental pressure in China [ J ] .Environmental Science & Technology, 2013, 48 ( 2 ) : 1103–1113.

[ 126 ] LIANG S, WANG C, ZHANG T. An improved input-output model for energy analysis: A case study of Suzhou [ J ] . Ecological Economics, 2010, 69 ( 9 ) : 1805–1813.

[ 127 ] LIANG S, WANG H, QU S, et al. Socioeconomic drivers of greenhouse gas emissions in the United States [ J ] .Environmental Science & Technology, 2016, 50 ( 14 ) : 7535–7545.

[ 128 ] LIN B, GE J. Valued forest carbon sinks: How much emissions abatement costs could be reduced in China [ J ] .Journal of Cleaner Production, 2019 ( 224 ) : 455–464.

[ 129 ] LIN B, LI Z. Spatial analysis of mainland cities' carbon emissions of and around Guangdong-Hong Kong-Macao greater bay area [ J ] .Sustainable Cities and Society, 2020 ( 61 ) : 102299.

[ 130 ] LIU X B, ISHIKAWA M, WANG C, et al. Analyses of $CO_2$ emissions embodied in Japan-China trade [ J ] .Energy Policy, 2010, 38 ( 3 ) : 1510–1518.

[ 131 ] LIU Z, CIAIS P, DENG Z, et al. Near-real-time monitoring of global $CO_2$ emissions reveals the effects of the COVID-19 pandemic [ J ] .Nature Communication, 2020 ( 11 ) : 5172.

[ 132 ] LIU Z, DAVIS S J, FENG K, et al. Targeted opportunities to address the climate-trade dilemma in China [ J ] .Nature Climate

Change，2016，6（2）：201-206.

［133］LIU Z，FENG K，HUBACEK K，et al. Four system boundaries for carbon accounts［J］.Ecological Modelling，2015a（318）：118-125.

［134］LIU Z，GUAN D，WEI W，et al. Reduced carbon emission estimates from fossil fuel combustion and cement production in China［J］.Nature，2015b，524（7565）：335-338.

［135］LIU Z，WANG M，WU L. Countermeasures of double carbon targets in Beijing-Tianjin-Hebei Region by using grey model［J］.Axioms，2022，11（5）：215.

［136］LONG Y，YOSHIDA Y，LIU Q，et al. Comparison of city-level carbon footprint evaluation by applying single-and multi-regional input-output tables［J］.Journal of Environmental Management，2020（260）：110108.

［137］LU Y，CHEN B，FENG K，et al. Ecological network analysis for carbon metabolism of eco-industrial parks：A case study of a typical eco-industrial park in Beijing［J］.Environmental Science & Technology，2015，49（12）：7254-7264.

［138］LU Y，SU M，LIU G，et al. Ecological network analysis for a low-carbon and high-tech industrial park［J］.The Scientific World Journal，2012（7）：1-9.

［139］MACINTOSH A，KEITH H，LINDENMAYER D. Rethinking forest carbon assessments to account for policy institutions［J］. Nature Climate Change，2015，5（10）：946-949.

［140］MCGREGOR P G，SWALES J K，TURNER K. The $CO_2$ "trade balance" between Scotland and the rest of the UK：Performing a multi-region environmental input-output analysis with limited data［J］.Ecological Economics，2008，66（4）：662-673.

［141］MEINSHAUSEN M，LEWIS J，MCGLADE C，et al. Realization of paris agreement pledges may limit warming just below 2℃［J］.Nature，2022，604（7905）：304–309.

［142］MENG B，XUE J J，FENG K，et al. China's inter-regional spillover of carbon emissions and domestic supply chains［J］. Energy Policy，2013（61）：1305–1321.

［143］MI Z，MENG J，GUAN D，et al. Chinese $CO_2$ emission flows have reversed since the global financial crisis［J］.Nature Communications，2017，8（1）：1712.

［144］MI Z，SUN X. Provinces with transitions in industrial structure and energy mix performed best in climate change mitigation in China［J］.Communications Earth & Environment，2021，2（1）：182.

［145］MI Z，ZHENG J，MENG J，et al. Carbon emissions of cities from a consumption-based perspective［J］.Applied Energy，2019（235）：509–518.

［146］MILLER R，BLAIR P. Input-Output Analysis：Foundations and Extensions［M］.Englewood Cliffs：Prentice-Hall，1985.

［147］MINX J C，WIEDMANN T，WOOD R，et al. Input-output analysis and carbon footprinting：An overview of applications［J］.Economic Systems Research，2009，21（3）：187–216.

［148］MINX J，BAIOCCHI G，WIEDMANN T，et al. Carbon footprints of cities and other human settlements in the UK［J］.Environmental Research Letters，2013，8（3）：035039.

［149］MOOMAW W R，MASINO S A，FAISON E K. Intact forests in the United States：Proforestation mitigates climate change and serves the greatest good［J］.Frontiers in Forests and Global Change，2019（2）：15.

［150］MORAN D，KANEMOTO K，JIBORN M，et al. Carbon footprints of 13000 cities［J］.Environmental Research Letters，2018，13（6）：64.

[151] New York's climate leadership and community protection act [EB/OL]. (2020-07-05) [2022-09-06].https: //www.nyserda.ny.gov/All-Programs/CLCPA.

[152] NEWMAN M E, GIRVAN M. Finding and evaluating community structure in networks [J].Physical Review E, Statistical, Nonlinear, and Soft Matter Physics, 2004, 69 (2 Pt 2): 113.

[153] NIELSEN K S, NICHOLAS K A, CREUTZIG F, et al. The role of high-socioeconomic-status people in locking in or rapidly reducing energy-driven greenhouse gas emissions [J].Nature Energy, 2021, 6 (11): 1011–1016.

[154] NORDHAUS W D. Revisiting the social cost of carbon [J]. Proceedings of the National Academy of Sciences, 2017, 114 (7): 1518–1523.

[155] OSWALD Y, OWEN A, STEINBERGER J K. Large inequality in international and intranational energy footprints between income groups and across consumption categories [J].Nature Energy, 2020, 5 (3): 231–239.

[156] PAN R K, KASKI K, FORTUNATO S. World citation and collaboration networks: uncovering the role of geography in science [J].Scientific Reports, 2012, 2 (1): 902.

[157] PAN X, TENG F, HA Y, et al. Equitable access to sustainable development: Based on the comparative study of carbon emission rights allocation schemes [J].Applied Energy, 2014, 130: 632–640.

[158] PATTEN B C. Energy environments in ecosystems//Fazzolare RA, Smith CB.Energy use management [M].New York: Pergamon Press, 1978.

[159] PATTEN B C. Network perspectives on ecological indicators and actuators: Enfolding, observability, and controllability [J].

Ecological Indicators, 2006, 6 (1): 6–23.

[160] PETERS G P, ANDREW R M, SOLOMON S et al. Measuring a fair and ambitious climate agreement using cumulative emissions [J].Environmental Research Letters, 2015, 10 (10): 105004.

[161] PETERS G P, MINX J C, WEBER C L, et al. Growth in emission transfers via international trade from 1990 to 2008 [J].Proceedings of the National Academy of Sciences of the United States of America, 2011, 108 (21): 8903–8908.

[162] PETERS G P, WEBER C L, GUAN D, et al. China's growing $CO_2$ emissions: A race between increasing consumption and efficiency gains [J].Environmental Science & Technology, 2007, 41 (17): 5939–5944.

[163] PETERS G P. From production-based to consumption-based national emission inventories [J].Ecological Economics, 2008, 65 (1): 13–23.

[164] POZO C, GALÁN-MARTÍN Á, REINER D M, et al. Equity in allocating carbon dioxide removal quotas [J].Nature Climate Change, 2020, 10 (7): 640–646.

[165] PRELL C, FENG K. Unequal Carbon Exchanges: The environmental and economic impacts of iconic U.S. consumption items: Unequal carbon exchanges [J].Journal of Industrial Ecology, 2016, 20 (3): 537–546.

[166] QU S, YANG Y, WANG Z, et al. Great divergence exists in Chinese provincial trade-related $CO_2$ emission accounts [J]. Environmental Science & Technology, 2020, 54 (14): 8527–8538.

[167] RAMASWAMI A, CHAVEZ A. What metrics best reflect the energy and carbon intensity of cities? Insights from theory and modeling of 20 US cities [J].Environmental Research Letters,

2013, 8（3）: 035011.

[168] RAMASWAMI A, TONG K, CANADELL J G, et al. Carbon analytics for net-zero emissions sustainable cities [J].Nature Sustainability, 2021, 4(6): 460-463.

[169] RAUPACH M R, DAVIS S J, PETERS G P, et al. Sharing a quota on cumulative carbon emissions [J].Nature Climate Change, 2014, 4(10): 873-879.

[170] SALVIA M, RECKIEN D, PIETRAPERTOSA F, et al. Will climate mitigation ambitions lead to carbon neutrality? An analysis of the local-level plans of 327 cities in the eu [J]. Renewable and Sustainable Energy Reviews, 2021(135): 110253.

[171] SCHRAMSKI J R, GATTIE D K, PATTEN B C, et al. Indirect effects and distributed control in ecosystems: Distributed control in the environ networks of a seven-compartment model of nitrogen flow in the Neuse River Estuary, USA-Steady-state analysis [J].Ecological Modelling, 2006, 194(1-3): 189-201.

[172] SCHULZ N B. Delving into the carbon footprints of Singapore-comparing direct and indirect greenhouse gas emissions of a small and open economic system [J].Energy Policy, 2010, 38(9): 4848-4855.

[173] SETHI M, JOSE P. From global 'North-South' to local 'Urban-Rural': A shifting paradigm in climate governance? [J]. Urban Climate, 2015(14): 529-543.

[174] SETO K C, GUNERALP B, HUTYRA L R. Global forecasts of urban expansion to 2030 and direct impacts on biodiversity and carbon pools [J].Proceedings of the National Academy of Sciences, 2012, 109(40): 16083-16088.

[175] SHAN Y, GUAN D, ZHENG H, et al. China $CO_2$ emission accounts 1997—2015 [J].Scientific Data, 2018, 5(1):

170201.

[176] SHAN Y，LIU J，LIU Z，et al. New provincial $CO_2$ emission inventories in china based on apparent energy consumption data and updated emission factors [J] .Applied Energy，2016 (184)：742–750.

[177] SHI M J，WANG Y，ZHANG Z Y，et al. Regional carbon footprint and interregional transfer of carbon emissions in China [J] .Acta Geographica Sinica，2012，67 (10)：1327–1338.

[178] SKELTON A. EU corporate action as a driver for global emissions abatement：A structural analysis of EU international supply chain carbon dioxide emissions [J] .Global Environmental Change，2013，23 (6)：1795–1806.

[179] SONG J，FENG Q，WANG X，et al. Spatial association and effect evaluation of $CO_2$ emission in the Chengdu-Chongqing urban agglomeration：Quantitative evidence from social network analysis [J] .Sustainability，2018 (11)：1.

[180] SOVACOOL B K，BROWN M A. Twelve metropolitan carbon footprints：A preliminary comparative global assessment [J] . Energy Policy，2010，38 (9)：4856–4869.

[181] STEEN–OLSEN K，WEINZETTEL J，CRANSTON G，et al. Carbon，land，and water footprint accounts for the european Union：Consumption，production，and displacements through international trade [J] .Environmental Science & Technology，2012，46 (20)：10883–10891.

[182] STEWART I D，OKE T. Local climate zones for urban temperature studies [J] .Bulletin of the American Meteorological Society，2012 (93)：1879–1900.

[183] SU B，ANG B W，LI Y. Input-output and structural decomposition analysis of Singapore's carbon emissions [J] .Energy Policy，

2017（105）：484–492.

［184］SU B，ANG B W. Multiplicative decomposition of aggregate carbon intensity change using input-output analysis［J］. Applied Energy，2015（154）：13–20.

［185］SUDMANT A，GOULDSON A，MILLWARD-HOPKINS J，et al. Producer cities and consumer cities：Using production-and consumption-based carbon accounts to guide climate action in china，the uk，and the us［J］.Journal of Cleaner Production，2018（176）：654–662.

［186］TAN X C，WANG Y，GU B H，et al. Research on the national climate governance system toward carbon neutrality-A critical literature review［J］.Fundamental Research，2022，2（3）：384–391.

［187］United Nations Environment Programme. Emissions Gap Report 2021［R］.New York：UNEP，2021.

［188］United Nations，Department of Economic and Social Affairs. United Nations World Population Prospects：2017 Revision［R］.New York：DESA，2017.

［189］United Nations，Department of Economic and Social Affairs，Population Division.World Urbanization Prospects：The 2018 Revision，Online Edition［R］.New York：PD，2018.

［190］WANG C，ZHAN J，LI Z，et al. Structural decomposition analysis of carbon emissions from residential consumption in the Beijing-Tianjin-Hebei region，China［J］.Journal of Cleaner Production，2019，208（C）：1357–1364.

［191］WANG J，FENG L，PALMER P I，et al. Large Chinese land carbon sink estimated from atmospheric carbon dioxide data［J］.Nature，2020，586（7831）：720–723.

［192］WANG Y，WANG X，WANG K，et al. The size of the land carbon sink in china［J］.Nature，2022，603（7901）：E7–E9.

[193] WANG Y，XIONG S，MA X. Carbon inequality in global trade: Evidence from the mismatch between embodied carbon emissions and value added [J].Ecological Economics，2022（195）：107398.

[194] WANG Y，ZHAO H，LI L，et al. Carbon dioxide emission drivers for a typical metropolis using input-output structural decomposition analysis [J].Energy Policy，2013（58）：312–318.

[195] WANG Z H，LI Y M，CAI H L，et al. Comparative analysis of regional carbon emissions accounting methods in China: Production-based versus consumption-based principles [J].J Clean Prod，2018（194）：12–22.

[196] WANG Z，LIU W，YIN J. Driving forces of indirect carbon emissions from household consumption in China：An input-output decomposition analysis [J].Natural Hazards，2015，75（2）：257–272.

[197] WANG Z，YANG Y，WANG B. Carbon footprints and embodied $CO_2$ transfers among provinces in China [J].Renewable and Sustainable Energy Reviews，2018（82）：1068–1078.

[198] WEI L，LI C，WANG J，et al. Rising middle and rich classes drove China's carbon emissions [J].Resources，Conservation and Recycling，2020（159）：104839.

[199] WEI T，WU J，CHEN S. Keeping track of greenhouse gas emission reduction progress and targets in 167 cities worldwide [J].Frontiers in Sustainable Cities，2021（3）：35.

[200] WEN W，WANG Q. Re-examining the realization of provincial carbon dioxide emission intensity reduction targets in China from a consumption-based accounting [J].Journal of Cleaner Production，2020（244）：118488.

[201] WIEDMANN T O，CHEN G，BARRETT J. The concept of

city carbon maps: A case study of Melbourne, Australia [ J ] . Journal of industrial ecology, 2016, 20 ( 4 ) : 676–691.

[ 202 ] WIEDMANN T O, SCHANDL H, LENZEN M, et al. The material footprint of nations [ J ] .Proceedings of the National Academy of Science of the United States of America, 2015, 112 ( 20 ) : 6271–6276.

[ 203 ] WIEDMANN T, CHEN G, OWEN A, et al. Three-scope carbon emission inventories of global cities [ J ] .Journal of Industrial Ecology, 2021, 25 ( 3 ) : 735–750.

[ 204 ] WIEDMANN T, WOOD R, MINX J C, et al. A carbon footprint time series of the UK-results from a multi-region input-output model [ J ] .Economic Systems Research, 2010, 22 ( 1 ) : 19–42.

[ 205 ] WIEDMANN T. Carbon footprint and input-output analysis-an introduction [ J ] .Economic System research, 2009, 21 ( 3 ) : 175–186.

[ 206 ] XIA Y, FAN Y, YANG C. Assessing the impact of foreign content in China's exports on the carbon outsourcing hypothesis [ J ] .Applied Energy, 2015 ( 150 ) : 296–307.

[ 207 ] XIE R, HUANG L, TIAN B, et al. Differences in changes in carbon dioxide emissions among China's transportation subsectors: A structural decomposition analysis [ J ] .Emerging Markets Finance and Trade, 2019 ( 7 ) : 1–18.

[ 208 ] XU X, WANG Q, RAN C, et al. Is burden responsibility more effective? A value-added method for tracing worldwide carbon emissions [ J ] .Ecological Economics, 2021 ( 181 ) : 106889.

[ 209 ] YANG L, WANG Y, WANG R, et al. Environmental-social-economic footprints of consumption and trade in the asia-pacific region [ J ] .Nature Communication, 2020, 11 ( 1 ) : 4490.

[ 210 ] YANG P, MI Z, YAO Y F, et al. Solely economic mitigation

strategy suggests upward revision of nationally determined contributions [J] .One Earth, 2021, 4 (8) : 1150–1162.

[211] YANG Y, SHI Y, SUN W, et al. Terrestrial carbon sinks in China and around the world and their contribution to carbon neutrality [J] . Science China (Life sciences) , 2022, 65 (5) : 861–895.

[212] YANG Z, ZHANG Y, LI S, et al. Characterizing urban metabolic systems with an ecological hierarchy method, Beijing, China [J] .Landscape and Urban Planning, 2014 (121) : 19e–33.

[213] YU M, LIU F, SHU M, et al. Quantitative analysis and scenario prediction of energy-consumption carbon emissions in urban agglomerations in China: Case of Beijing-Tianjin-Hebei region [J] .IOP Conference Series: Earth and Environmental Science, 2019, 227 (6) : 62042.

[214] YU Y, HUBACEK K, FENG K, et al. Assessing regional and global water footprints for the UK [J] .Ecological Economics, 2010, 69 (5) : 1140–1147.

[215] YUAN B, REN S, CHEN X. The effects of urbanization, consumption ratio and consumption structure on residential indirect $CO_2$ emissions in China: A regional comparative analysis [J] .Applied Energy, 2015 (140) : 94–106.

[216] ZHAN C, DE JONG M. Financing eco cities and low carbon cities: The case of Shenzhen International Low Carbon City [J] .Journal of Cleaner Production, 2018 (180) : 116–125.

[217] ZHANG C, JU W, CHEN J M, et al. China's forest biomass carbon sink based on seven inventories from 1973 to 2008 [J] . Climatic Change, 2013, 118 (3) : 933–948.

[218] ZHANG Y G. Provincial responsibility for carbon emissions in China under different principles [J] .Energy Policy, 2015 (86) : 142–153.

[219] ZHANG Y, LI S, FATH B D, et al. Analysis of an urban energy metabolic system: Comparison of simple and complex model results [J].Ecology Modeling, 2011 (223): 14e–19.

[220] ZHANG Y, ZHENG H, FATH B D. Analysis of the energy metabolism of urban socioeconomic sectors and the associated carbon footprints: Model development and a case study for Beijing [J].Energy Policy, 2014 (73): 540–551.

[221] ZHANG Y. Provincial responsibility for carbon emissions in china under different principles [J].Energy Policy, 2015 (86): 142–153.

[222] ZHANG Z, XI L, SU B, et al. Energy, $CO_2$ emissions, and value added flows embodied in the international trade of the BRICS group: A comprehensive assessment [J].Renewable and Sustainable Energy Reviews, 2019 (116): 109432.

[223] ZHAO H, LIU Y, GENG G, et al. Imbalanced transfer of trade-related air pollution mortality in China [J].Environmental Research Letters, 2020, 15 (9): 094009.

[224] ZHOU Y, SHAN Y, LIU G, et al. Emissions and low-carbon development in Guangdong-Hong Kong-Macao greater bay area cities and their surroundings [J].Applied Energy, 2018 (228): 1683–1692.

[225] ZHOU Y, WEI T, CHEN S, et al. Pathways to a more efficient and cleaner energy system in Guangdong-Hong Kong-Macao greater bay area: A system-based simulation during 2015—2035 [J].Resources, Conservation and Recycling, 2021 (174): 105835.

[226] ZHU Q, PENG X, WU K. Calculation and decomposition of indirect carbon emissions from residential consumption in China based on the input-output model [J].Energy Policy, 2012, 48 (3): 618–626.

[227] ZHU Y，SHI Y，WU J，et al. Exploring the characteristics of $CO_2$ emissions embodied in international trade and the fair share of responsibility [J].Ecological Economics，2018 (146)：574-587.

[228] ZOU X，WANG R，HU G，et al. $CO_2$ emissions forecast and emissions peak analysis in Shanxi province，China：An application of the leap model [J].Sustainability，2022，14 (2)：637.